中国生物农业发展战略研究

杨星科　主编

科学出版社

北　京

内 容 简 介

本书系统介绍了生物农业理论的形成和发展过程，对生物农业的定义、内涵和外延及其知识要素、技术体系进行了界定和阐述，分析了国际农业先进国家如美国、以色列、日本等的生物农业发展经验；在对我国生物农业发展现状和需求分析的基础上，提出我国生物农业发展的总体思路、总体要求和发展方向，以及生物农业发展需要解决的关键科学问题；围绕我国生物农业的长远创新发展目标，提出实施六大发展战略和六大保障举措。

本书可为相关科研院所的科研人员和相关高校的教师与管理人员提供借鉴，为相关从业者和政府工作人员提供决策参考。

图书在版编目(CIP)数据

中国生物农业发展战略研究/杨星科主编. —北京：科学出版社，2018.6
ISBN 978-7-03-056177-0

Ⅰ. ①中…　Ⅱ. ①杨…　Ⅲ. ①农业科学－生物学－发展战略－研究－中国　Ⅳ. ①S18-51

中国版本图书馆 CIP 数据核字（2017）第 320917 号

责任编辑：李　莎 / 责任校对：王万红
责任印制：吕春珉 / 封面设计：北京睿宸弘文文化传播有限公司

科学出版社出版
北京东黄城根北街 16 号
邮政编码：100717
http://www.sciencep.com
三河市骏杰印刷有限公司印刷
科学出版社发行　各地新华书店经销
*
2018 年 6 月第　一　版　开本：B5（720×1000）
2018 年 6 月第一次印刷　印张：9
字数：180 000

定价：98.00 元

（如有印装质量问题，我社负责调换〈骏杰〉）
销售部电话 010-62136230　编辑部电话 010-62138978（BN12）

《中国生物农业发展战略研究》编写委员会

主　编：杨星科

副主编：马　齐　高　峰

成　员(按照姓氏拼音排序)：

陈　立　陈志杰　董利苹　古志文　靳军宝

李延梅　孟繁东　齐　凡　任　珩　上官建国

田晓阳　王君兰　赵　勇　郑玉荣

以生物农业引领我国现代农业发展*
（自序）

李克强总理在 2016 年 3 月考察江苏、上海时强调，持续发展经济要通过发展现代农业固本强基，有序释放城镇化的内需潜力。他指出，发展现代农业是一项重大战略任务，通过深化改革同步推进“新四化”建设，是持续发展经济的重要支撑。

在农业科技和生产的现代化发展中，人们将各种不同学科领域的理论、技术、方法、工具和设备应用在农业生产中，形成了众多关于农业产业形态的概念，如工业化农业、石油农业、化学农业、机械化农业、基因农业、智慧农业、精准农业、生态农业、生物农业、有机农业、绿色农业等。这些概念在内涵和外延上存在或交叉、重叠、包含，或相对、相反、并列的关系，并且随着时代发展逐步改变着人们对于现代农业发展阶段和趋向的理解和认识。

20 世纪末以来，随着各学科理论技术交叉、渗透、融合的发展，生物学作为研究生物各个层次的种类、结构、功能、发育和起源进化以及生物与周围环境关系的科学，其理论、技术和应用研究表现出强烈的融合发展和整合发展的趋势，生物农业的概念也随之出现。但至今生物农业概念的内涵和外延仍存在不同的界定和争议。

在 30 多年的发展过程中，我国生物农业概念从最初主要针对生态农业、有机农业，逐步扩展到包含现代生物技术在农业中的广泛应用。这是我国生物农业概念不同于国外生物农业、生态农业、有机农业或农业生物技术概念的独特之处。欧美等国家生物农业概念主要指生态农业、有机农业，而我国生物农业概念覆盖所有生物学理论技术在农业中的应用，包括生物工程、有机、生态和分子生物技术等。

---

* 本序言从主编分别发表在《中国科学报》的两篇文章“以生物农业引领陕西现代农业发展”（2013-5-6）和“对发展生物农业的一些思考”（2016-6-27）融合而来。

当前，国内生物农业概念同时具有沿袭欧美的狭义界定和我国扩展的广义界定两种方法，在一定程度上造成概念理解和研究路线的分歧。

另外，生物农业是一个具有生物农业科学、生物农业技术、生物农业产业等多个层次含义的大类概念，而相关领域的研究人员和产业人士大多只了解和关注其中的某一层次或某一方面内容，没有形成系统的、综合的生物农业概念体系。

我国在生物农业理论方面取得了重大进展，为深入开展生物农业实践奠定了坚实基础。在生态农业、农业生物技术研发利用及生物农业产业发展等领域，已经形成了初步的理论、技术和产业政策体系，同时，生物农业产业发展具有了一定的规模。在生态农业发展方面，我国在引进和吸收国外生物农业、生态农业、有机农业、持续农业等相关理论研究成果的同时，开展了对中国生态农业理论基础、发展历史、建设模式、技术及产业政策的研究和应用。

在生物学和农业生物技术研发方面，我国近年来的学科建设和科技能力日益提高，部分研究领域达到世界先进水平。根据武汉大学中国科学评价研究中心研发的《2014 年世界一流大学与科研机构学科竞争力排行榜》，我国在生物学与生物化学、植物学与动物学、微生物学、分子生物学与遗传学以及农业科学等学科领域，都有一批具有国际地位的科研机构。特别是中国科学院作为我国最重要的基础科学国家研究机构，在以上多个学科领域都进入世界前 10 名。

在生物农业发展战略与政策研究方面，我国高度重视农业生物技术研发应用和战略研究，采取了一系列政策措施促进生物农业科技和产业创新发展。《国家中长期科学和技术发展规划纲要（2006—2020 年）》确定了农业领域的优先主题，包括种质资源发掘、保存和创新与新品种定向培育，畜禽水产健康养殖与疫病防控，农林生态安全与现代林业，环保型肥料、农药创制和生态农业等。除将转基因生物新品种培育作为 16 个重大专项之一，还部署了动植物品种与药物分子设计、生物芯片、干细胞和组织工程等前沿技术研究与应用。

我国生物农业理论研究在得到一定发展的同时，还存在着一些发展中的不足与问题，主要表现在：概念认识尚不统一，理论和技术体系尚不完善，缺乏有价值的研究成果以及成果应用转化程度不高，等等。

欧美农业发展历程表明，生物农业的迅速发展促进了新的生物农业产业类型，也促使生物农业的产业链不断升级。生物农业的产业链应该是以传统道地农产品生产为核心，生物肥料、生物兽药、生物农药等为上游或资源供给，生物农业服务业为辅助，生物功能食品为下游产品的链条式产业。

目前，我国农业的持续发展除面临国内主要农产品价格高于进口价格、农业补贴受世贸组织规则限制的两个“天花板”外，生态环境和资源条件两道“紧箍咒”也严重束缚农业的长远发展。与此同时，随着工业化、城镇化的推进，耕地数量减少、质量下降，农业劳动力大幅度减少，农业成本直线上升，土壤污染加剧，农业生产用水缺口呈扩大之势，农业资源约束也日益增强。

发展生物农业，可促进我国农业产业体系的根本转变，促进农业生产方式的根本转变和实现我国农业组织方式的根本转变，从而改变农业产业结构、农业形态结构，促进人类健康水平和生物工业水平的提升，走产出高效、产品安全、资源节约、环境友好的中国农业现代化道路。

杨星科

前　　言

农业生产活动与人类文明进化息息相关，随着科学技术和社会文明的发展不断丰富。生物农业起源于20世纪初有机农业、生态农业的相关实践。生物农业的推进和发展动力之一是技术进步。20世纪50年代分子生物学、细胞生物学、生物信息学、基因组学、系统生物学等现代生物学理论和技术的发展及在农业生产中的应用，使生物农业理论和技术得到极大发展。动力之二是人们对绿色安全食品的追求。随着化肥、农药的大量使用，在农作物产量得到大幅度提升的同时，人们面临土壤污染严重、农药残留导致的食品安全问题，对绿色安全食品的追求促进了有机农业、绿色农业、生态农业等的发展。

国际上，欧盟和美国等农业先进国家在生物农业的发展上重视实践，在农业生产、管理、产业化方面为我国提供了许多宝贵经验，特别是近年来在有机农业和绿色农业发展方面，包括绿色防控体系建设、食品安全保障体系建设等，值得我们学习和借鉴。

农业是国民经济的基础，在经济社会发展中占举足轻重的地位。目前我国农业发展基本还处于传统农业阶段，农业机械化程度落后，农业产业化结构不合理，粮食生产占比大，畜牧业占比小，农产品加工处于初级阶段，农业产业链条短贡献度低，农产品安全形势严峻。如何解决这一系列问题，推进我国农业从传统农业向现代农业发展，推进农业的革命性变革，是我国农业发展面临的重大挑战。

我国生物农业概念于20世纪80年代由欧洲引进，最初定义近似于有机农业和生态农业。20世纪90年代，随着基因技术等农业生物高技术的兴起，我国生物农业吸取了分子生物种业、生物疫苗、生物添加剂等产品和产业内容，形成综合了生态农业和现代农业生物技术产业的理论、技术和产业体系。理论和观念的创新必将影响我国生物农业的发展实践。

生物农业是现代农业发展的必然选择，是农业发展的方向。我国人口众多，人均资源匮乏，工业化、城市化、农业现代化进程中面临着巨大的人口、资源、环境压力。生物农业的发展对加速我国现代农业进程具有特殊战略意义。国家提倡发展生态农业、绿色农业、有机农业，这些都是生物农业的前期发展形态，是化学农业向生物农业过渡的必然阶段。

2017年2月5日，《中共中央国务院关于深入推进农业供给侧结构性改革加快培育农业农村发展新动能的若干意见》发布，将推进农业供给侧结构性改革作为推进农业发展新动能的关键举措。我国农产品目前面临非常严峻的安全形势，农药残留、重金属元素超标以及食品污染不仅影响到食品安全，还在农产品出口方面遭遇多种壁垒。如何提供绿色安全的食品供应是今后一段时期我国农业发展的重要任务，是深入推进我国农业供给侧结构性改革要着力解决的关键问题。发展生物农业，可促进我国农业产业体系的根本转变，促进农业生产方式的根本转变和实现我国农业组织方式的根本转变，从而改变农业产业结构、农业形态结构，促进人类健康水平和生物工业水平的提升，推进农业供给侧结构性改革的深入。

本书从理论发展、知识体系、国际启示、需求分析、实践应用、战略思考等方面对中国生物农业发展战略进行了探讨，由中国科学院西北生物农业中心和中国科学院兰州文献情报中心组成的联合战略研究团队分工负责完成。全书共分6章，第1章理论发展由古志文、杨星科负责完成；第2章知识体系由靳军宝、杨星科、马齐负责完成；第3章国际启示由董利苹、高峰负责完成；第4章生物农业发展现状由古志文、李延梅、孟繁东负责完成；第5章生物农业发展需求分析由任珩、陈立、田晓阳完成；第6章战略思考由高峰、任珩、马齐、杨星科负责完成。全书总体框架构想、统稿和修订由杨星科、马齐、高峰、任珩、古志文、上官建国、孟繁东、陈志杰、陈立完成。

本书由陕西省科学院重点项目“陕西省生物农业发展战略研究及中长期规划制定”资助。本书的完成得到中国科学院科技促进发展局、中国科学院西安分院、陕西省科学院、中国科学院西北生物农业中心、中国科学院兰州文献情报中心的大力支持。

鉴于生物农业理论和实践尚处于初级阶段，理论处于探讨之中，实践有待进一步加强，加之研究人员的知识水平所限，本书不足之处敬请读者批评指正。

编　者

2017年4月

目　　录

第1章　生物农业理论概述

生物农业具有理论（生物农学）、技术（生物农技）、产业经济体系（生物农产）紧密结合以及引领现代农业发展的特征。其概念和理论体系随着农业生物技术和产业的进步，经历了一个不断拓展深化的过程。

国外生物农业理论起源于20世纪初对有机农业、生态农业的相关研究。20世纪50年代中期，分子生物学、细胞生物学、生物信息学、基因组学、系统生物学等现代生物学理论和技术的发展并应用到农业生产中，极大地促进了生物农业理论和技术的发展。20世纪末、21世纪初整合生物学理论的形成与发展及其在农业生产中的应用，预示着未来生物农业理论的研究发展，将吸收、融合更多现代生物科学元素，形成系统化、综合化的理论技术体系，引导未来农业生产科学、智能、健康、持续地发展。

我国生物农业概念于20世纪80年代由欧洲引进，最初定义近似于有机农业和生态农业。在20世纪90年代基因技术等农业生物高技术兴起后，吸取了分子生物种业、生物疫苗、生物添加剂等内容，现已形成了一种综合生态农业和现代农业生物技术的生物农业理论、技术和产业体系。

我国生物农业理论研究还存在概念认识尚不统一、理论和技术体系尚不完备、研究成果的应用转化程度不高等问题。为此，应加强生物农业理论和技术体系的建设，优化生物农业产业战略和政策研究，大力培养生物农业科技人才，促进科技成果转化。通过生物农业理论与实践的协同发展，促进我国现代农业和生物产业的持续健康发展。

1.1　生物农业概念和理论体系

1.1.1　农业生产技术与产业形态

农业是人类利用太阳能和生物机体的生命力生产食物、纤维等社会必需品的经济活动，是国民经济其他部门成为独立生产部门的前提和进一步发展的基础。农业生产活动随着科学技术和社会文明的发展不断进步。原始社会时期，农业是人类唯一的生产活动，人们以石器、棍棒为工具获取野生动植物资源，并将其驯化利用。铁器、文字和国家出现以后，农业生产进入一种经验技能有序积累和制度化管理阶段；手工业和商业出现之后，农业仍是人类最主要的生产活动，这是人类传统农业与传统社会发展的时期。20 世纪初特别是第二次世界大战以后，随着现代科学技术、社会制度和国际经济体系的逐步发展，许多发达国家农业生产活动的社会化、专业化、商品化程度大大提高，形成了与现代工业、商业和科技发展相适应的现代化农业。

农业现代化发展主要包括工业化和生态化两种主要形态。在农业现代化发展期间，人们将各种不同学科领域的理论、技术、方法、工具和设备应用在农业生产中，形成了对现代农业生产形态的各种概念认识，包括工业化农业、石油农业、化学农业、机械化农业、基因农业、智慧农业、精准农业、生态农业、生物农业、有机农业、绿色农业等。这些概念在内涵和外延上存在或交叉、重叠、包含，或相对、相反、并列的关系，并且随着时代发展逐步改变人们对于现代农业发展阶段和趋向的理解。对这些概念及相互关系的区分与理解有利于我们科学认识生物农业发展的范畴和意义。

1）工业化农业、化学农业、石油农业、机械化农业

工业化农业是大量利用机械、合成肥料、杀虫剂、基因技术、灌溉技术等进行的现代资本密集型农业生产方式。其生产特征包括单一化大量种植或养殖、大量使用化肥和杀虫剂、使用机械化生产工具与设施、易于造成环境污染等。第二次世界大战以后，农业工业化和工业化农业在美国等发达国家得到快速发展，如今已经在主要发达国家主导大多数农业生产活动。该农业生产在带来生产效率巨大提高的同时，存在着不可持续性发展的问题，因此正受到越来越多学者、农民社团的批评与抵制。

工业化农业强调资本、生产效率和商业效益。其对机械、化工产品、单一生产品种和规模的追求，不利于小型家庭农场、乡村生态景观和生物多样性的保护，并造成环境的污染和破坏。相对而言小农更关注农业生产的整个过程及其多重价值，能够秉持传统的农业伦理，维持农业生态平衡，守护乡村景观，保护小农自身权益。为此，2011 年联合国大会第 66 届会议将 2014 年定为“世界家庭农业年”，旨在提高家庭农业和小农户农业的地位，促使全世界重视家庭和小农户农业在减轻饥饿和贫困、提高粮食和营养安全、改善生计、管理自然资源、保护环境，特别是在农村地区推动可持续发展方面的重要作用。

化学农业、石油农业、机械化农业都是工业化农业的具体表现形态，是人们对工业化农业某种具体特征的表述方式。其中，化学农业强调农业中杀虫剂、除草剂、动物激素等化学品的应用及其对土壤养分的破坏；石油农业强调农业生产中石油机械、石油原料的密集使用；机械化农业突出农业工业化中农业机械化特征。

2）生态农业、有机农业、持续农业、绿色农业

美国土壤学家 W. Albreche 于 1970 年最早提出生态农业（Ecological Agriculture）一词。其后，英国农学家 M. Kiley-Worthington 于 1981 年阐释其 7 个方面的要求："生产上能自我维持，多样化，限制资本投入而增加人员投入，采用适当技术使单位土地产出最大化，经济上可赢利，本地化加工和出售，伦理和审美上可接受"（M. Kiley-Worthington，1981）。我国在 20 世纪 70～80 年代开始探索生态农业理论和实践，学者骆世明（2017）在前人研究基础上重新定义我国的生态农业：生态农业是一种积极采用生态友好方法，全面发挥农业生态系统服务功能，促进农业可持续发展的农业方式。不同国家在实施农业生态转型的时候都会推进生态农业的建设与发展，只是各国赋予该农业形态的名称各异。除生态农业名称，欧盟还称之为"多功能农业"，韩国称为"环境友好型农业"，日本称为"环境保全型农业"等。另外，循环农业、低碳农业、有机农业、自然农业等也都是生态农业的某种存在和表现形式。

2008 年，国际有机农业联盟（International Federal of Organic Agriculture Movement，IFOAM）经过 3 年研究，提出有机农业的定义：有机农业是一种能维护土壤、生态系统和人类健康的生产体系，它遵从当地的生态节律、生物多样性和自然循环，而不依赖会带来不利影响的投入物质。有机农业是传统农业、创新思维和科学技术的结合，有利于保护我们所共享的生存环境，也有利于促进包括人类在内的自然界的公平与和谐共生（黄卫平等，2014）。

1991 年，联合国粮食及农业组织通过了著名的《关于农业和农村发展的登博斯宣言和行动纲领》，提出持续农业是一种技术上应用适当、环境不退化、经济上能维持并能被社会接受的发展模式。1993 年在北京召开的国际持续农业与乡村发展大会上，再次强调持续农业是不断发展而不会破坏环境的农业模式（金莲等，2012）。我国学者还提出了集约持续农业（Intensive-sustainable Agriculture）的概念及其特点：一是集约农作，二是高效增收，三是持续发展（刘巽浩，1994；王芳，2006）。

我国绿色农业概念是在绿色食品工程基础上提出的。从 20 世纪 80 年代末、

90年代初开始，经过绿色食品工程长达十几年的工作实践，绿色食品创始人、时任中国绿色食品协会会长刘连馥总结得出经验："安全食品是生产出来的，不是检测出来的，安全食品要从源头抓起，要从生产抓起。"于是2003年10月，在联合国亚太经社理事会主持召开的"亚太地区绿色食品与有机农业市场通道建设国际研讨会"上提出了绿色农业理念。2005年5月，回良玉副总理对卢良恕、关君蔚等6位专家提出的《关于绿色农业科学研究与示范基地建设的建议》做出重要批示，对绿色农业发展予以支持。2011年12月31日，中国绿色农业联盟成立，联盟的主要任务是，开展绿色农业的理论研究工作，不断完善绿色农业的理论体系建设；开展绿色农业的实践与示范活动，不断研究和推广绿色农业的发展模式；开展绿色农业的新技术项目研发工作，不断为绿色农业的建设和生产提供有效服务；开展与绿色农业相关联的有益活动，不断提升绿色农业联盟的社会效益；开展和组织联盟成员间的信息交流和产业协作，不断提高联盟成员的综合经济效益。2013年3月，九三学社中央在全国政协十二届一次会议上还提出《关于加强绿色农业发展的建议》提案，建议政府采取各种措施，帮助农民改善耕地质量及淡水资源污染问题。

3）传统农业与现代农业

现代农业是与传统农业相对的概念。美国著名经济学家舒尔茨认为："传统农业是一种完全以农民世代使用的各种生产要素为基础的农业"。经济学家主要从技术、结构、制度3方面探讨现代农业的内涵（金莲等，2012）。

在技术层面，普遍的观点是将现代农业视为技术进步的结果，速水佑次郎和弗农·拉坦将农业发展过程中的技术进步分为劳动替代型的机械技术和土地替代型的生物化学技术。美国农业经济学家约翰·梅尔则把农业发展分为传统农业、低资本技术农业和高资本技术农业3个阶段。

在结构层面，约翰·梅尔认为经济结构的变化表明传统经济体系向现代经济体系的转换。托达罗则将发展中国家的农业现代化进程分为维持生存的农业发展阶段、混合和多种经营的农业转变阶段及专业化农业3个阶段。

在制度层面，现代农业是在农业的不断商业化过程中形成和发展起来的（郭剑雄，2003）。现代农业中农民的大部分经济活动被纳入市场交易，高级市场交易成为基本交易形式，并形成非人格化的交易秩序。现代农业组织以企业化、规模化和中间组织的发达，以及组织的功能性、单一性和开放性为重要特征。现代农业的产权关系具有保障，它是现代农业高效率的制度保证。农业现代化过程要不断进行制度变革，这既是农业领域技术变迁、结构调整的要求，也是技术变迁和结构调整顺利推进的依赖条件。

4）其他相关概念

（1）基因农业。

基因（转基因）农业是指基于基因（转基因）育种技术生产转基因农作物及转基因有机体的农业。基因技术在农业领域的应用，突出体现在改变物种性状，增强农作物抗病虫害能力，提高农作物产量，以及改善农作物的营养成分等方面。

国际农业生物技术应用服务组织（International Service for the Acquisition of Agri-biotech Applications，ISAAA）发布的报告显示，全球转基因作物种植面积由 1996 年的 170 万 hm^2 到 2014 年的 1.81 亿 hm^2。美国兰德公司推出的《2020 年的全球技术革命》，将转基因技术列为影响未来全球经济的第三大技术。可以说，一个多世纪以来，没有其他任何一种农业科学技术有这种发展势头。转基因技术已是科学技术发展的必然，大势所趋，不可逆转。基因农业的迅速发展，使转基因食品、转基因生物等逐渐深入到人们的日常生活和周围环境中。

但转基因技术在带给人类福祉的同时，也蕴涵着相当的潜在危险。如，转基因农业可能会破坏生物多样性，影响群落结构；可能会污染农业生态环境，造成生态危机；转基因农产品安全的不确定性可能会影响人们对转基因农产品的消费信度；转基因农业技术的垄断可能会恶化国际关系等。因此，转基因农业对现代农业可持续发展的影响具有二重性：一方面，转基因农业可以通过大幅度提高粮食单产、确保农业资源永续利用与农民增产增收等，为现代农业可持续发展提供巨大的机遇，成为现代农业可持续发展的必然选择；另一方面，转基因农业的自发、盲目和无序发展，可能会破坏现代农业可持续发展的自然和社会环境，使现代农业可持续发展潜伏着风险和危机（吴秋凤，2008）。

（2）设施农业。

设施农业是指利用人工建造的设施，为种植业、养殖业及其产品的贮藏保鲜等提供良好的环境条件，以期将农业生物的遗传潜力变为现实的巨大生产力，获得速生、高产、优质、高效的农畜产品的农业形式。先进的生产工艺与技术是通过一定的生产设施作为载体来体现的。现代化设施可调节光、热、水、气、矿质营养五大生活要素，能把外界环境的不良影响减少到最低限度，同时还可以对内环境加以补充，如加温、增加 CO_2 浓度等。设施农业一反常规生产方式，在一定程度上克服了传统农业难以解决的限制因素，使得资源要素配置合理，资源集约高效利用，从而大幅增进系统生产力，形成高效益生产，使单位面积的生产能力成倍乃至数十倍的增长。近年来，随着工业进步，设施农业在国内飞速发展，从简单的地膜覆盖栽培到具有现代化自动控制光温设备的大型工厂化设施，都取得了不少成功的经验。我国的设施农业打破了传统农业的时季、地域之“自然限制”，创造了速生、优质、高产、均衡、低耗的现代化农业，对农村脱贫致富，丰富城乡居民“菜篮子”和提高人民生活水平都起到了特殊的作用。（廖允成等，1999；王芳，2006）。

（3）功能农业。

功能农业是我国科学家赵其国院士提出的未来农业新概念。它是指通过生物营养强化技术生产出具有改善健康功能的农产品（如：富硒、富锌功能农产品），是继高产农业、绿色农业之后的第三个发展阶段，目的是解决人们必需矿物质缺乏的“隐性饥饿”。2016 年 4 月，赵其国院士和中国科学技术大学博士尹雪斌合著的《功能农业》一书正式出版，该书是功能农业新学科建立以来的首部专著，标志着功能农业作为一个新兴学科，实现了从初步概念到系统科学理论阐述的升级。功能农业有关理论的系统阐释将促进和带动农产品迈向功能化的新时代。

1.1.2 生物农业概念界定

生物农业概念的提出与发展始终与生态农业、现代农业生物理论和技术相伴。本研究基于农业生产的生物学本质以及国内外生物农业概念与理论发展，提出生物农业定义：生物农业是应用系统生物学、整合生物学等现代生物学理论、技术、方法，科学开发利用农业生物资源，指导和调节农业生产过程，改造和提升农产品性能，拓展农业产业工业化领域，促进农业生态环境保护治理和可持续发展的农业生产形态。其理论技术基础是农业生物科学、技术和工程，产业形态包括生物型农业生产资料产业（绿色农用生物制品）、生物农产品产业、生物农业服务产业等。

这里，生物农业是现代生物学理论技术与农业生产相结合而形成的新概念。它既是一个学科理论概念，又是一个产业经济概念。作为学科理论概念，是生物农业科学理论的基础概念，涉及学科涵盖农业生物学、农业生态学、遗传育种学、农业经济学等多种理论，上位概念包括农学、生物学、经济学，下位概念包括农业植物学、植物保护学、畜牧学、兽医学、生物种业学、土壤生物学、土壤生态学等。作为产业经济概念，是一种农业生产形态和经济部门，涵盖农业生产技术、经济指标、经济政策和管理实践。其上位产业部门包括农业、生物产业、生物经济等，下位产业部门包括土壤修复业、育种业、生物农资产业（生物农药、生物肥料、生物饲料）、种植业、养殖业、农业生物服务业等。

基因农业、有机农业、生态农业，都是主要利用农业生物技术而形成的现代农业生产形态，可视为生物农业的不同表现形态。化学农业是与生物农业区别最大的一个概念，现代生物农业的发展要求尽量少用、不用人工合成的化学制品如肥料、农药、动植物生长调节剂和饲料添加剂等，以减少或避免化学品对农产品安全和人体健康的危害。

在传统农业和化学农业发展中，人们关于农业生物科学的技术知识及农业生态环境资源保护的意识不强，相应经济社会管理体系也不够健全，生产技术体系和产业形态仅仅体现了初级、基础、天然、局部化的生物农业特征。这些初级和局部性存在的生物农业特征保留和包括在现代生物农业技术和产业体系中，成为现代生物农业与传统农业、化学农业相通和共性的方面。传统农业、化学农业发展中存在的效率不足、污染环境、损害人类健康等问题，迫切要求人类发展更高层次的生物农业。生物农业与传统农业、化学农业的区别在于：现代生物农业更加尊重自然，尊重生命科学与农业生态发展规律。生物农业要利用更为全面综合的农业生物科学与技术提升传统农业，改造化学农业，保护农业生态环境，促进农业健康持续发展。

因此，生物农业是一个较为广义的概念，既包括基因农业、有机农业，也包括大部分的生态农业技术及产业部门，还包括一部分传统农业和化学农业的成分。因为所有农业产业必然基于一定的生物资源和生物技术，都具有生物农业的性质和特征。农业与生物资源、生物科学和技术具有天然紧密的不可分割的客观依存关系。农业生产必然基于生物资源和生物学知识，生物物种资源的客观自然存在以及人类对农业生物学知识的应用是农业生产发展的基础前提。

生物农业作为生物产业的重要组成部分，是现代生物科学技术和现代农业发展的必然趋势，是关系国计民生的基础性、战略性产业。我国人口众多，人均资源匮乏，工业化、城市化、农业现代化进程中面临着沉重的人口、资源、环境压力，在加快现代农业生物科学技术进步基础上促进生物农业发展对我国具有特殊重要的战略意义。

1.1.3　生物农业学科理论体系

生物农业理论主要研究运用现代生物学理论方法技术，促进农业生产健康可持续发展的机理、原则和模式。其学科理论体系包括：农业生物学理论（农业生物资源、生态环境、生物生理与病理、生物遗传发育与进化、农业生物物理学、农业生物化学、系统生物学、合成生物学、整合生物学等），现代农业生物技术（土壤修复、育种、肥料、饲料、种植、养殖、病虫害防治、生物资源开发利用），生物农业科技管理，生物农业产业经济（绿色农业、有机农业等）等。生物农业学科理论基础与主要研究内容如图 1-1 所示。

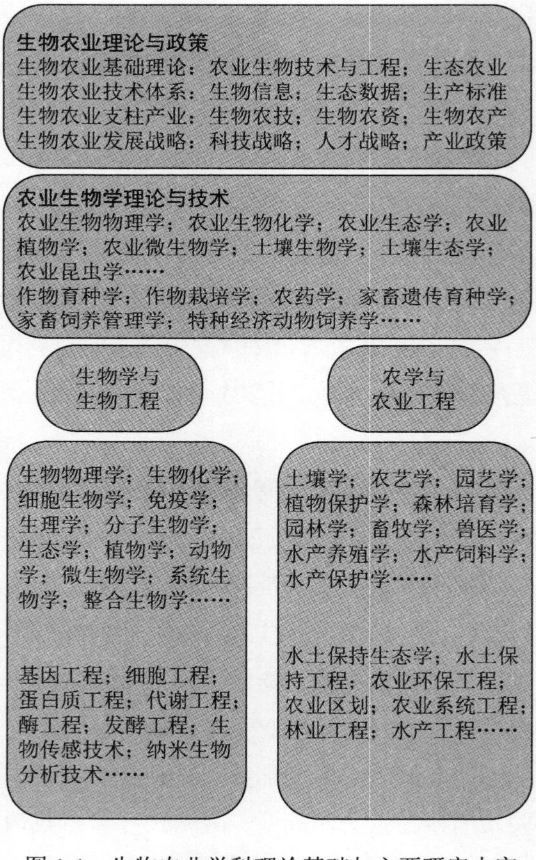

生物农业理论与政策
生物农业基础理论：农业生物技术与工程；生态农业
生物农业技术体系：生物信息；生态数据；生产标准
生物农业支柱产业：生物农技；生物农资；生物农产
生物农业发展战略：科技战略；人才战略；产业政策

农业生物学理论与技术
农业生物物理学；农业生物化学；农业生态学；农业植物学；农业微生物学；土壤生物学；土壤生态学；农业昆虫学……
作物育种学；作物栽培学；农药学；家畜遗传育种学；家畜饲养管理学；特种经济动物饲养学……

生物学与生物工程

农学与农业工程

生物物理学；生物化学；细胞生物学；免疫学；生理学；分子生物学；生态学；植物学；动物学；微生物学；系统生物学；整合生物学……

基因工程；细胞工程；蛋白质工程；代谢工程；酶工程；发酵工程；生物传感技术；纳米生物分析技术……

土壤学；农艺学；园艺学；植物保护学；森林培育学；园林学；畜牧学；兽医学；水产养殖学；水产饲料学；水产保护学……

水土保持生态学；水土保持工程；农业环保工程；农业区划；农业系统工程；林业工程；水产工程……

图 1-1　生物农业学科理论基础与主要研究内容

图 1-1 中基础部分为农业生物学理论、现代农业生物技术。生物农业科技管理和产业经济是关于生物农业科技支撑、经济发展和社会管理问题的研究，是关于生物农业发展战略研究的重要内容。生物农业理论除了分别对农业生物学具体理论、技术、产业经济问题进行研究，还特别注重从整体上探讨和分析生物科学理论、技术体系对现代农业生产的指导作用，注重对现代生物学理论技术影响农业生产的原理、机制、模式、策略的研究。

在当代生物经济、生物产业快速发展的形势下，生物农业已经基本形成宏观层面的生态农业与微观层面的基于分子生物学、细胞生物学、系统生物学的现代生物学理论和技术应用（系统生物学农业工程）两个大的学科技术体系和产业发展方向。在生态农业方面，主要是利用生物学技术方法，而非化学技术和产品制备农业生产资料，进行土壤管理与修复、作物种植与保护、禽畜与水产养殖。在现代生物理论与技术应用方面，主要是利用分子生物学、生物信息学、细胞工程、基因工程技术培育农作物新品种，利用基因技术生产转基因动物、基因工程疫苗等。

生物农业具有理论（生物农学）、技术（生物农技）、产业经济体系（生物农产）紧密结合以及引领现代农业发展的特征。其发展目标是要建立系统化、标准化、智能化发展的农业生物技术体系，包括农业生态评价、土壤环境保护及修复、农业生物种业、生物农业区划、生物型农业生产资料制备及应用等。还要建立支持农业生物技术研究和应用的生物、土壤、环境基础数据库和智能分析系统，包括野生及农业物种资源遗传信息数据库、农业土壤元素数据库、农作物畜禽及水生生物病害数据库，农业环境与物种、病害与药物匹配查询系统等。

1.2　国际生物农业理论的发展历程和趋势

1.2.1　生物农业理论的起源

国外生物农业理论起源于 20 世纪初对有机农业、生态农业的相关研究。1909 年，美国农业部土地管理局局长金（King）途经日本到中国。他总结了中国农业数千年兴盛不衰的经验，于 1911 年写成《四千年农夫》一书。书中指出中国传统农业长盛不衰的秘密在于我国农民勤劳、智慧、节俭，善于利用时间和空间提高土地利用率，并以人畜粪便和一切废弃物、塘泥等还田培养地力。英国植物病理学家霍华德（Albert Howard）在该书影响下进一步深入总结和研究中国传统农业的经验，于20世纪30年代初倡导有机农业，于1940年写成《农业圣典》一书，该书成为当今指导国际有机农业运动的经典著作之一。

1924年德国著名哲学家和出版家鲁道夫·斯坦纳（Rudolf Steiner）开始讲授生物动力农业（Biodynamic Agriculture）课程。鲁道夫·斯坦纳主要从事人文精神科学研究，在医学、药学、宗教、社会科学、艺术、戏剧、绘画和雕塑等方面都做出了重要贡献。其提出的生物动力农业与有机农业有许多原理和方法是相同的，具有突出的生态意识。生物动力农业的特殊之处在于，其思想来源于“繁荣农业的人文基础”。其范围不仅局限于耕作，还包括教育、艺术、营养及宗教，可以说是一种全方位的思想体系。生物动力农业思想后来主要分布在德、法等欧洲国家，在德国有著名的生物动力农业协会——Demeter，现在是德国的第二大有机农民协会，其产品在市场上的信誉度最好，价格最高。1938年美国成立了生物动力协会（the Biodynamic Association，BDA），是北美洲最早的持续农业组织。澳大利亚于1957年也成立了生物动力研究所（the Bio-Dynamic Research Institute）。

20世纪30年代瑞士农业政治家汉斯·米勒（Hans Mueller）提出有机生物农业（Organic Biological Agriculture）概念。他把农业看成是一个系统，并认为这个系统应提供一个平衡的环境，维持土壤肥力和控制病虫害，并以适当的能量和资源投入维持最适的生产力和良好的环境。该有机生物农业理念是目前德国、英国、奥地利等国家的一个流派，目前德国最大的有机农民协会Bioland就是根据汉斯·米勒的理论进行有机生产的。

20世纪30～40年代，日本学者冈田茂吉（Mokichi Okada）和福冈正信（Masanobu Fukuoka）受中国道教思想的影响创立自然农法。认为人类对自然的干预太多，主张农业应与自然合作，而不是征服自然，提出应采取以下措施进行农业生产：①不翻耕农田，让植物根系、土壤动物及微生物疏松土壤；②不施用化肥，靠绿肥、秸秆还田及动物粪肥培肥地力；③不施用农药，靠自然平衡机理控制病、虫、杂草；④不中耕、不除草，用秸秆和种植三叶草覆盖农田，保护土壤。自然农法主要分布在日本，另外在泰国、美国、巴西、阿根廷和中国的台湾省也有零星分布。

1945年，美国有机农业的创始人罗代尔（J. I. Rodale）按照英国霍华德《农业圣典》的办法创办了罗代尔有机农场。罗代尔有机农场从创办至今一直从事有机农业的研究工作，1974 年建立著名的罗代尔研究所（Rodale Institute）是国际有机农业运动联盟的积极倡导单位之一。

1.2.2 生物农业理论的发展

1）有机农业、生态农业理论发展

20 世纪 30～40 年代，世界农业发展的趋势是追求农业的工业化与商品化，注重提高产量，所以有机农业并未受到重视。直到第二次世界大战后，历经 20 世纪 70 年代的能源危机，各国逐渐意识到地球资源有限，环境污染严重，常规农业不仅破坏生态环境，也导致农业生产力衰退。如何维护环境品质与生活水准及确保后代可持续生存空间，逐渐受到各国重视。一些发达国家政府开始重视有机农业，并鼓励农民从常规农业生产向有机农业生产转换。这时有机农业的概念开始被广泛接受，许多有机农业相关的组织和研究所也相继成立（杨洪强，2005）。

1971 年日本成立了有机农业研究会（Japan Organic Agriculture Association，JOAA）和自然农法研究委员会（1985 年变更为自然农法国际研究开发中心）。1972 年国际有机农业联盟会（IFOAM）在法国成立。1973 年瑞士成立了国际有机农业研究所（Research Institute of Organic Agriculture，FiBL）。英国 1975 年成立国际生物农业研究所（International Institute of Biological Husbandry），1980 年召开了国际生物（有机）农业会议［International Conference on Biological （Organic） Agriculture］，1982 年开始出版《生物农业与园艺》（*Biological Agriculture & Horticulture*）期刊。1990 年联合国粮食及农业组织欧洲区域办公室（the FAO Regional office for Europe，REUR）发布了《欧洲生物（有机）农业的挑战与机遇》的专家咨询报告。1997 年系统总结了 1990 年之前及之后欧洲生物（有机）农业（Biological Farming）研究进展，1999 年综述了有机农业（Organic Farming）的研究方法。2000 年，美国学者 Gary F. Zimmer 出版《有机农民：持续赢利的有机耕作系统》著作，2011 年又出版《高级生物（有机）农业：实践矿物均衡以改善土壤和作物》。

在生态农业方面，1970 年美国密苏里大学土壤学家阿尔布勒奇（W. Albreche）首次提出生态农业概念。此后英国农学家 M. Kiley-Worthington 发展并充实了生态农业的内涵，并于 1981 年给生态农业明确定义：生态上能自我维持低输入，经济上有生命力，在环境、伦理和审美方面是可接受的小型农业（汪卫民，1998）。该流派主张完全不用或基本不用化肥、农药，代之以秸秆、人粪尿、绿肥等有机肥，并利用天然物质和生物措施等防除病虫杂草，提倡尽量利用各种可再生资源和人力、畜力进行农事操作，强调保护野生动植物资源和采用轮作、间套种来提高土壤肥力。

1981 年，美国在加利福尼亚举办第一届生态农业会议并成立生态农业协会（the Ecological Farming Association）。30 多年来，该协会一直通过交流培训及合作致力于推进生态农法和持续农业的发展。其连续举办的生态农业会议成为美国西部地区最大、最持久的生态农业会议。

2）现代生物学和农业生物技术的发展

20 世纪 50 年代中期，DNA 双螺旋模型的提出标志着分子生物学的产生。其后，从遗传密码的破译到以分子遗传学为核心的分子生物学体系的形成，现代生物学呈现出空前繁荣的景象，出现了细胞生物学、生物信息学、基因组学、蛋白组学、分子生态学、系统生物学等众多现代生物学新兴学科，形成基因工程、细胞工程、分子育种、酶工程、发酵工程等现代生物技术体系。这些生物学理论和技术应用到农业生产中，极大地促进了生物农业理论和技术的发展。

其中，生物信息学是 20 世纪 80 年代计算机技术普及后生命科学领域发展起来的一门新兴学科，是一门利用应用数学、信息学、统计学和计算机科学的方法研究生物学问题的学科。2000 年美国生物学教授诺伊·胡德（Leroy Hood）等创立世界上第一个系统生物学研究所。随后，美国加州理工学院、麻省理工学院和哈佛大学等纷纷成立了系统生物学研究机构。其研究内容主要包括系统结构分析、系统行为分析、系统模型与实验等。图 1-2 为胡德创办的系统生物学研究所提出的系统生物学中，生物学、技术科学、计算科学之间的相互关系模型。

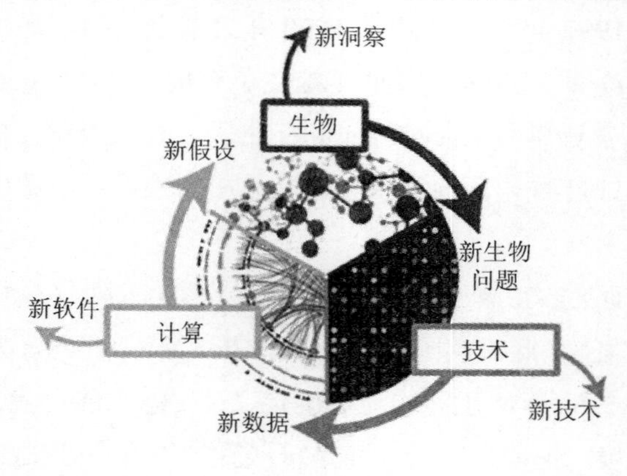

图 1-2　系统生物学中生物学、技术科学、计算科学之间的相互关系

现代生物理论与技术在农业中的应用领域主要包括：生物种业、生物饲料、生物肥料、农产品加工、生物质能源、生物疫苗、有害生物防治、农业环境管理等。

在生物种业领域，植物育种从 20 世纪 20～30 年代开始摆脱凭经验和技巧的初级状态，逐渐发展为具有系统理论和科学方法的一门应用科学。近年来，以分子设计育种技术、生物信息技术、基因操作技术为主要内容的植物分子育种技术成为植物育种研究的重点方向，并在植物品种遗传改良中发挥越来越重要的作用。根据美国农业部统计数据，2010 年，美国的三大转基因农作物大豆、玉米和棉花的种植面积分别占相应作物总播种面积的 93%、86%和 93%。国际上动物育种也于 20 世纪 80 年代进入分子水平，向快速改变动物基因型的方向发展。

在生物肥料领域，自 20 世纪 80 年代中期以来，美、日、澳等发达国家就开始重视生物有机肥料的研究与应用。近年来，随着生物技术等新技术的不断发展，微生物肥料的研究与应用有了很大拓展，优良菌种选育成为生物有机肥料发展的核心。

在生物饲料领域，20 世纪 50 年代开始研究饲用抗生素，90 年代达到使用的鼎盛时期。20 世纪 60 年代末和 70 年代初开始对氨基酸和维生素进行研究。20 世纪 80 年代开始研究全价生物饲料，经过 20 多年的发展，发酵液体饲料已在世界各国迅速推广使用，并取得了良好效果。20 世纪 90 年代掀起酸化剂、微生物制剂、生物活性肽和寡糖的研究开发热潮。

在有害生物防治领域，发达国家高度重视农林有害生物防治新理论、新技术的研究，加强基因组学、蛋白质组学、分子遗传学等方面的基础研究，积极开展农林生态系统食物网、植物-害虫-天敌通讯机制、转基因昆虫、昆虫功能基因组、害虫与寄主植物协同进化、转基因经济植物领域的研究，大力发展 3S 技术和昆虫雷达技术以及计算机网络技术等。

1.2.3　生物农业理论的发展趋势和前景

1）生物农业理论的多学科综合发展

20 世纪末以来，各学科理论技术交叉、渗透、融合发展的特征逐渐明显。生物学作为研究生物各个层次的种类、结构、功能、发育和起源进化以及生物与周围环境关系的科学，其理论、技术和应用研究也表现出强烈的融合、整合发展的趋势。其中，最突出的表现就是整合生物学（Integrative Biology）理论的形成与发展。生物农业理论技术将在整合生物学等现代生物学理论的支撑下，吸收、融合更多现代生物科技元素，形成系统化、综合化的理论技术体系，引导未来农业生产更加科学、智能、健康和持续地发展。

整合生物学将生物有机体视为复杂系统，以研究生命复杂问题为目的，从生命体各级水平（分子、细胞、个体、种群、物种、群落、生态系统）出发，整合生物学各个学科（分子生物学、细胞生物学、生理学、神经科学、生态学、生物信息学及化学生物学等）开展系统全面研究，融合其他学科（物理学、化学、数学、计算机、工程学和视觉成像等甚至包括社会科学）的研究思路和方法，通过实验、计算、建模等手段，来解决生命的重要理论和前沿问题。

整合生物学被提出后的20年时间内获得了迅速发展，国外许多著名大学均设立了整合生物学系（院）。美国国家科学基金会（National Science Foundation，NSF）从2003年开始设立整合生物学部常规机构，资助科学家在整合生物学领域开展研究。在整合生物学系（院）设置方面，美国加州大学洛杉矶分校 （University of California，Los Angeles）、加州大学伯克立分校（University of California，Berkeley）、伊利诺伊大学厄巴纳-尚佩恩分校（University of Illinois Urbana-Champaign）、多伦多大学士嘉堡校区（University of Toronto Scarborough）、英国利物浦大学（University of Liverpool）、苏黎世联邦理工学院（ETH Zurich）等机构都成立了整合生物学院系。在学术出版资源方面，英国皇家化学学会出版了《整合生物学》学术期刊，美国成立了整合与比较生物学学会并出版会刊 *Integrative and Comparative Biology*。

整合生物学研究的开展既推进学科交叉融合，又促进不同实验室、研究所和大学院系的联合，在一定程度上为不同学科和不同专业的科学家共同解决生命复杂问题搭建了一个互动合作平台，并进一步拓展了人类认识生命和自然的深度及广度。

以整合生物学等现代生物学及相关学科理论为基础开展生物农业理论研究，进一步促进了现代生物农业理论与技术的多学科综合化发展。现代生物农业理论与技术体系既包括原有生态农业、有机农业技术体系，又包含农业系统生物学、农业整合生物学理论，以及农业生物制品、农业生物制造、农业生物修复和生物环保等众多技术领域。

2）生物农业理论的发展前景

生物农业理论和技术在过去百年发展的历史中，特别是伴随分子生物学、系统生物学等现代生物学理论的提出和发展，体现出综合应用各种生物学学科理论知识的特质和要求。从分子、细胞等微观层次，到动植物生命体乃至农业生态等宏观领域，农业、农学的研究发展需要吸收利用生物学所有分支学科中的有益知识成分。未来生物农业理论的研究发展，将在积极吸取和借鉴系统生物学、整合生物学理论研究方法和思路的基础上，吸收利用更多现代科学技术成分，构建多层次、系统化、综合化的理论技术体系。该理论技术体系将进一步综合利用已有及新开发的各种生态农业、有机农业、现代农业技术，有机连接农业土壤、育种、农药、肥料、饲料、农产品加工、运输、服务等农业生产要素和产业链环节，强力支撑未来农业产业健康持续发展。

农业系统生物学、整合生物学的研究将得到加强。农业种质资源的收集、重要农业动植物和微生物的全基因组资源收集、农业基因组资源数据库和分析平台的建设将逐步实现，合成生物技术将被更多地开发和应用。

随着生物学、数学、计算机科学等相关学科的进一步发展，系统生物学、整合生物学势必会给整个生物学研究和生物产业带来巨大的推动力，也必将推动未来农业的节约化、精准化、智能化和可持续化的发展。

1.3　我国生物农业理论发展的问题与对策

1.3.1　生物农业概念的提出与发展

20 世纪 80 年代我国学术期刊论文中开始出现生物农业的相关报道。1984 年杨士华发表于《农业环境与发展》的文章“生物农业的概念”，是最早进行生物农业概念研究的文章。文章提出，所谓生物农业是指根据生物学原理建立起来的一种坚持和改进土地生产力的耕作制度或农业系统，它通过促进自然过程和循环来保持土地生产力和防治病虫害，从而提供平衡的环境；并以传统方法为基础，与许多新的农业科学技术结合，避免过分利用资源和化学制品，仅适当投入能量和资源而保持最适生物生产力。生物农业是在我国传统有机农业基础上发展的，1980 年第一届国际生物农业会议总结得出国际上生物农业有代替有机农业的趋势。由于生物农业是生物学在农业上的应用，生物农业的概念比有机农业和生态农业更概括更全面一些。

1994 年罗明典在《国际技术经济研究》发表“面向 21 世纪发展生物农业的

思考”文章，提出发展生物农业是 21 世纪必须认真思考的问题。文章指出生物农业的涉及面很广，其中生态农业，是指农业生物与环境协调发展的农业，发展生态农业是生物农业的一项经常性任务；文章还就拓宽生物农业新领域——海洋生物农业、重视节水生物农业的发展、改进传统灌溉农业势在必行、分子生物农业在发展等进行了论述。文章认为，“由于生物农业含有生命特征的特殊性、与环境相互关系的复杂性以及常常受到人为因素和自然因素的制约，要实现两高一优农业的目标，真正达到既增产、增收、保质、保量，又增加良好效益的目的，需要各阶层研究者、生产者和管理决策者密切协作和配合，不断试验、实践和总结。这是一个长期而艰巨的历史任务。关键还在于依靠科学技术进步，用现代先进科技武装农业，而现代生物技术特别是微生物技术，在发展生物农业方面则起着核心的作用”。

2004 年石扬令在《光明日报》发表“高度重视发展现代生物农业”文章，指出：以生物农业为代表的现代农业发展模式，集多种替代农业模式的优点，紧跟时代潮流，越来越体现出知识化、信息化和持续性等特点，是 21 世纪最具发展潜力的农业模式。以现代生物技术如育种技术、基因工程技术、生物信息技术为支撑的现代生物农业，预示着未来农业生产模式将会发生深层次的变革。依靠现代生物科学技术的进步，人类将有可能摆脱对化肥、农药等常规农业技术的依赖，实现由常规农业向现代生物农业的转变。现代生物农业技术代表着农业科技进步的前沿，现代生物农业技术的全面发展和推广，可能预示着未来农业生产模式的全面变革。在生物农业模式中，各种农业生物不仅是农业生产的对象，而且是整个农业生产活动的主体，生物农业在各个生产环节，如耕作、栽培、用地、养地、防病、治虫、控制杂草等方面，普遍采用综合生物技术措施。通过营造更适合于农作物健康生长发育所需要的土壤和农田生态环境，全面加强生物与生物、生物与环境的关系，以培育健康、高产农业生物为中心，以生产安全、无污染、优质农产品为目标，把各种农业栽培管理措施纳入生物技术轨道。发展生物农业以最大限度地开发和利用农业生物的生产潜能，最大限度地遵循农业生产的生态生物学规律，最大限度地体现生物农业的可持续发展特征为宗旨。

2007 年国务院发布《生物产业发展“十一五”规划》提出，按照产业化、集聚化、国际化发展的要求，加快发展生物医药、生物农业、生物能源、生物制造、生物环保等行业。其中，生物农业要紧紧围绕保障粮食安全和促进农产品结构调整，加速生物农业技术的研发及广泛应用，提升农业生产效益，主要产业领域包括农业良种、林业新品种、绿色农用生物产品、海洋生物资源开发 4 个方面。2012 年 12 月国务院再次印发《生物产业发展规划》，提出加速科技成果转化推广，增强生物农业竞争力。围绕粮食安全、生态改善、农民增收和现代农业发展等重大需求，充分发挥我国丰富的农业生物资源优势，加强生物种业和农用生物制品技术研发能力建设，促进创新资源向企业集聚，加快开展新品种研发、产业化和推广应用，完善质量和安全管理制度，推动生物种业产业加快发展，促进农用生物制品标准化高品质发展，推进海洋生物资源的产业化开发和综合利用。

在国家 2012 年生物产业相关规划推出前后，洪绂曾（2011）提出，生物农业是指按照生物学规律，采取现代生物技术手段，如基因工程、细胞工程、发酵工程、蛋白质工程等，高产、高效地生产优质农产品以及生物农药、生物饲料等绿色农用生物产品的现代农业技术体系和产业模式。杨星科（2013）指出，现代农业发展的基础是生物农业，生物农业强调利用生物技术手段改造和提升农业品种和农产品性能，通过促进自然过程和生物循环保持土地生产力，利用生物学方法防治有害生物等，以此改进农业生产方式，提高生产效率，达到农业环境的生态平衡，实现农产品的绿色化生产。

可见，我国生物农业概念于 20 世纪 80 年代由欧洲引进，最初定义近似于有机农业和生态农业，是在生产中不采用基因工程获得的生物及其产物，不使用化学合成的农药、化肥、生长调节剂、饲料添加剂等物质，遵循自然规律和生态学原理，协调种植业和养殖业的平衡，采用一系列可持续发展的农业技术以维持持续稳定的农业生产体系的一种农业生产方式。

20 世纪 90 年代基因技术等生物高技术兴起后，我国生物农业概念又吸取了分子生物种业、生物疫苗、生物添加剂等内容，因而我国现有生物农业是一个综合了生态农业和农业生物技术产业的理论、技术和产业体系。

1.3.2　生物农业理论研究的现状和问题

1）发展现状

我国生物农业理论、技术和产业起步较晚，但是经过多年发展，在生态农业、农业生物技术研发利用及生物农业产业发展等领域，已经形成初步的理论、技术和产业政策体系，生物农业产业发展也具有了相当规模。

在生态农业发展方面，我国在引进和吸收国外生物农业、生态农业、有机农业、持续农业等相关理论研究成果的同时，开展了对中国生态农业理论基础、发展历史、建设模式、技术及产业政策的研究和应用。1980 年叶谦吉等提出，中国生态农业不能照搬发达国家的模式，应发扬我国传统农业的精华，强调以生态学规律指导的“生态农业”。1987 年马世骏、李松华指出，生态农业是生态工程在农业上的具体运用；农业生态工程设计的研究是生态工程理论研究的主体，也是推动生态农业发展的关键。1990 年孙鸿良等提出，中国生态农业应用了生态系统的“整体、协调、循环、再生”的原理，使农业的发展建立在持久不衰和保持生态环境的基础之上，强调在生态系统内部生产潜力的深度开发和区域性、系统整体优化和持续发展的基础上，兼顾经济、社会、生态三个效益。1991 年厉以宁提出，生态农业是指依靠农业内部来维持土壤肥力，促使农业稳定、持续发展的一种农业，它的优点在于导致生态的良性循环，使社会既能稳定地、持续地取得农产品，又能保持良好的生态环境，使社会的生活质量提高。

1993 年、2000 年我国分别启动第一、第二批国家级生态农业示范县（市）建设。2002～2003 年农业部科技司向全国征集了 370 种生态农业模式或技术体系，通过专家反复研讨，遴选出具有代表性的十大生态农业模式，重点加以推广。2013 年农业部在辽宁、河南、湖北、甘肃、重庆 5 省（直辖市）分别建立现代生态农业创新示范基地。2015 年 1 月农业部、浙江省宣布共同推进浙江现代生态循环农业试点省建设，力争在未来 3～5 年内实现“一控两减三基本”目标。

在生物学和现代农业生物技术研发方面，我国近年来的学科建设和科技能力日益提高，在部分研究领域已达到世界先进水平。根据武汉大学中国科学评价研究中心研发的《2014 年世界一流大学与科研机构学科竞争力排行榜》，我国在生物学与生物化学、植物学与动物学、微生物学、分子生物学与遗传学以及农业科学等学科领域，都有一批具有突出国际地位的科研机构。特别是中国科学院作为我国最重要的基础科学国家研究机构，在以上多个学科领域都进入世界前 10 名。其中，在农业科学领域位居世界第 3 名，植物学与动物学领域第 4，生物学与生物化学领域第 8，微生物学领域第 18，分子生物学与遗传学第 30。另外，中国农业大学、中国农业科学院、北京大学、复旦大学等众多高校和研究机构在相关学科领域也具有相当的国际竞争力。

在整合生物学研究方面，国际动物学会、中国科学院动物研究所和Wiley-Blackwell出版社合作出版*Integrative Zoology*（《整合动物学》），中国科学院植物研究所和Wiley-Blackwell出版社合作出版*Journal of Integrative Plant Biology*（《整合植物生物学》）等。

在生物农业发展战略与政策研究方面，我国高度重视农业生物技术研发应用和战略研究，采取了一系列政策措施促进生物农业科技和产业创新发展。《国家中长期科学和技术发展规划纲要（2006—2020年）》确定了农业领域的优先主题，包括种质资源发掘、保存和创新与新品种定向培育，畜禽水产健康养殖与疫病防控，农林生态安全与现代林业，环保型肥料、农药创制和生态农业等，除将转基因生物新品种培育作为16个重大专项之一，还部署了动植物品种与药物分子设计、生物芯片、干细胞和组织工程等前沿技术研究与应用。《"十二五"生物技术发展规划》要求加强"农田资源高效利用，有害生物控制，生物安全及农产品安全"等农业高产、优质、高效、抗病研究，突破"组学"技术、合成生物学技术、生物信息学技术、生物催化工程技术、动植物品种设计技术等关键技术。《生物产业发展规划》（2012）将"加速科技成果转化推广，增强生物农业竞争力"作为生物产业发展重点任务之一，提出了生物种业创新发展行动计划和农用生物制品发展行动计划，目的是要建立国家生物种业和农用生物制品产业支撑体系，创制一批重大产品，培育若干龙头企业，提升产业国际竞争力。

2）理论发展中的问题

我国生物农业理论研究在得到一定发展的同时，也存在着一些问题，主要表现在：概念认识尚不统一，理论和技术体系尚不完备，研究成果的应用转化程度不高等。

（1）概念认识尚不统一。

我国生物农业概念的提出和发展经历了一个国外引进和自我发展的过程。在30多年的发展过程中，我国生物农业概念从最初主要针对生态农业、有机农业，逐步扩展到包括分子育种等现代农业生物技术，这是我国生物农业概念不同于国外生物农业、生态农业、有机农业或农业生物技术概念的独特之处。欧美等国家生物农业概念依然主要指生态农业、有机农业，而我国生物农业概念覆盖所有生物学理论技术在农业中的应用，包括生物动力、有机、生态和分子生物技术等。

目前，国内关于生物农业概念同时具有沿袭欧美的狭义界定和我国扩展的广义界定两种方法，在一定程度上存在概念理解和研究路线的分歧。

另外，生物农业是一个具有生物农业科学、生物农业技术、生物农业产业等多个层次含义的大类概念，而相关领域的研究人员和产业人士大多只了解和关注其某一层次某一方面内容，没有形成系统的、综合的生物农业概念体系。基于综合性生物农业学科、技术、产业概念体系的科学技术团体和产业组织也还没有建立和发展起来。

（2）理论技术体系还不完备。

我国生物农业中的生物学基础研究、农业生物技术研究和生物农业产业发展研究存在学科分工明确、各自为政的特点，相互沟通不足，衔接不畅，不利于形成多学科理论、技术交叉融合应用以促进产业发展的局面。在基础研究、技术研究和产业发展研究的各个领域内部，也存在学科交叉不足，研究活动系统性、综合性欠缺的问题。

（3）科技成果应用转化速度较慢。

我国生物农业科技成果主要集中在科研院所和大学，产业化能力和动力不足。生物农业涉及的学科、机构、产业量大面广，管理部门多，力量分散，缺乏明确的生物农业发展战略、实施规划和统一协调机制。科技成果应用还面临审批制度严格和产业激励不够等约束，因而转化速度较慢。

1.3.3　生物农业理论发展对策

1）加强生物农业理论和技术体系的建设

要从促进现代农业持续发展的战略高度，构建我国生物农业学科理论和技术体系。基于系统生物学、整合生物学等最新生物学理论的学科交叉融合思想，综合应用生物学领域所有有益理论，并吸收信息科学、计算机科学等现代科技手段，建立系统化跨学科的生物农业学科理论体系和针对我国农业生物资源特点的现代化生物技术体系。该理论技术体系应该包括从分子生物种业到农业生态系统等所有层次的农业生物技术和产业发展问题研究（杨星科等，2016）。

2）优化生物农业产业战略和政策研究

生物农业产业战略和政策研究要坚持科技与经济紧密结合，提出适合我国生态资源和经济社会发展的生物农业发展战略和政策体系，促进生物农业产业链持续发展。要将生物农业作为现代农业的主要形态和发展模式，在各项农业发展规划中予以重点扶持。根据生态环境差异，恰当布局有机农业、绿色农业和现代农业生物技术产业的合理发展区间。针对农业生物技术、生物型农业生产资料、种养殖产业的不同环节，研究设计不同的产业促进策略和政策激励措施。

要提高生物农业产业的集约化水平，更多依靠技术而不是人力发展农业。优化农业产品结构与产业结构，深化农产品加工利用，提升作物生物量，延伸生物农业产业链，促进生物农业、生物制造、生物技术服务产业融合发展。

3）大力培养生物农业科技人才，促进科技成果转化

面向生物农业学科和技术发展需要，培养生物学、农学高层次复合型研究人才。选拔中青年科技杰出人才，稳定支持其个人及其团队开展创新性研究，形成以领军型人才为核心的优势创新团队。壮大生物农业科研队伍，形成人才梯队，发展学术团体，促进学科体系建设。

立足产业发展需求，着力培养生物农业创新创业人才。优化、强化面向生物农业从业人员的职业教育和继续教育，通过多种渠道和途径培养有文化、懂技术、会经营的新型职业农民和农业企业家，推进生物农业技术转化、企业发展和经济繁荣。

参 考 文 献

郭剑雄，2003．城市化与中国农业的现代化[J]．经济问题，11：48-50．

国务院，2006．国务院关于实施《国家中长期科学和技术发展规划纲要（2006—2020 年）》若干配套政策的通知［Z］．国发〔2006〕6 号．

国务院，2012．生物产业发展规划［Z］．国发〔2012〕65 号．

洪绂曾，刘荣志，李厥桐，等，2011．生物农业引领绿色发展[J]．农学学报，1(10)：1-4．

黄卫平，葛家颖，2014．有机农业生产基地建设的探讨[J]．上海农业科技，6：31-32．

金莲，王永平，刘希磊，2012．国内外关于现代农业的研究进展[J]．世界农业，7：22-26．

廖允成，王立祥，1999．设施农业与中国农业现代化建设[J]．农业现代化研究，20(1)：5-8．

刘连馥，2005．绿色农业初探[M]．北京：中国财政经济出版社．

刘巽浩，1994．21 世纪的中国农业现代化[J]．农业现代化研究，4：193-196．

罗明典，1994．面向 21 世纪发展生物农业的思考[J]．国际技术经济研究，4：35-38．

骆世明，2017．农业生态转型态势与中国生态农业建设路径[J]．中国生态农业学报，25(1)：1-7．

石扬令，2004．高度重视发展现代生物农业[N]．光明日报，2014-7-13．

汪卫民，1998．中国生态农业的理论与实践[J]．环境导报，2：5-8．

王芳，2006．西部循环型农业发展的理论分析与实证研究[D]．武汉：华中农业大学．

吴秋凤，2008．转基因农业对现代农业可持续发展的影响二重性[J]．武汉工程大学学报，30(6)：109-112，122．

杨洪强，2005．有机园艺[M]．北京：中国农业出版社．

杨士华，1984．生物农业的概念[J]．农业环境与发展，2：11．

杨星科，马齐，2016．对发展生物农业的一些思考[N]．中国科学报，2016-6-27．

杨星科，2013．以生物农业引领陕西现代农业发展[N]．中国科学报，2013-5-6．

Kiley-Worthington M, 1981. Ecological agriculture: What it is and how it works[J]. Agriculture and Environment. 6(4): 349-381．

第 2 章　生物农业的知识要素和技术体系

知识要素和技术体系是生物农业发展的技术支撑和理论基础。生物技术作为一门正在快速发展的新兴高技术学科，是生物农业知识要素和技术体系中最为重要的部分。基因工程、细胞工程、酶工程、发酵工程以及分子育种等生物技术的发展，特别是系统生物学、合成生物学的发展兴起，深刻影响和改变着人们的生产和生活方式，也支撑着农业学科和产业的快速发展。20 世纪生物学历经了两次颠覆性革命，第一次革命的代表是美国的沃森（J. D. Watson）和英国的克里克（F. H. C. Crick）发现并阐述了脱氧核糖核酸（DNA）的双螺旋结构，国际人类基因组计划（HGP）则被视为生命科学领域的第二次革命。目前，全球正在经历生物学领域的第三次革命，即生物学与物理学、化学、信息科学、材料科学等学科领域的交叉融合，并随着合成生物学、系统生物学等学科的发展，生物技术在农业中的应用愈加广泛和深入。

生物农业的发展离不开生物技术的发展进步。生物技术在生物农业中的作用和地位越来越重要。在生物育种方面，生物技术将大大缩短育种的周期；在生物饲料方面，生物饲料的研发将改善饲料的适口性，提高采食量，提高动物的免疫能力，同时减少环境污染；在生物农药方面，采用绿色生物农药防治病虫草害已成为农药发展的必然趋势；在生物肥料方面，发展能精准提供养分的“智能”肥料，是实现我国肥料产业“质量替代数量”发展战略的重要保障，是我国肥料科技创新与未来产业发展的趋势。本章重点描述系统生物学、合成生物学等新兴学科对生物农业发展带来的变革，阐述生物农业发展中的技术支撑及生物技术对生物农业发展带来的影响。

2.1　生物学的第三次革命与现代生物产业发展

2.1.1　生物学第三次革命

2009 年 5 月 13 日，麻省理工学院原校长苏珊·霍克菲尔德（Susan Hockfield）教授在美国科学促进会以“下一轮创新革命”为题做演讲，深刻阐述了生命科学领域的第三次革命，即工程和物质科学与生命科学强有力地交叉、融合而带来的革命。苏珊·霍克菲尔德教授指出，DNA 双螺旋的结构为生物科学的发展革命奠定了基础，分子生物学的发展揭示了遗传信息以遗传密码的形式编码在 DNA 分子上，然后由 RNA 翻译成特定的蛋白质，通过蛋白质执行各种生命功能，将生命的遗传特征体现出来，而分子生物学的发展则为生物学的第二次革命奠定了基础，特别是基因组学的发展，人类进入了生物学领域的信息大爆炸时代。他指出，科学发展到今天，各学科之间的交叉融合越来越密切，生命科学领域的第三次革命正是在这种背景下产生，并以癌症研究、能源和环境科学为例，展望了生命科学领域第三次革命的前景（方陵生，2009）。

美国科学促进会 2014 年年会在芝加哥举行，科促会主席、诺贝尔奖获得者菲利普·夏普（Phillip A. Sharp）在开幕致辞中表示，全球在粮食、能源等领域面临的问题，离不开生命科学领域的第三次革命（黄堃，2014）。他指出，生物学已经经历了 DNA 双螺旋结构的发现以及以"人类基因组计划"为代表的二次革命，这两次革命，大大提高了人们对生命科学的认识，也推动了生命科学领域的飞速发展。当前生命科学领域正在经历第三次革命，主要表现为生命科学在分子层面与物理学、工程学等领域的交叉融合。同时他强调，生命科学发生的第三次革命正在农业、能源等领域进行了一些重要应用，这些应用对于解决当今社会面临的粮食短缺、能源危机等问题指明了方向。

我国学者施一公、饶毅从历史经验角度指出，美国之所以能成为世界头号强国，主要得益于二战后美国高度重视发展基础科学研究，而基础科学的发展相应地带动了技术的进步和变革，进一步带动经济、社会、人文等综合实力的提高。我国在改革开放后各项事业取得飞速发展，在科技领域也取得了很大成绩。但我们要充分认识到，虽然我国已经成为科技大国，但并非科技强国，因此要不断发展科学技术，才能在当今世界竞争中立于不败之地。目前我们已经错过了生命科学领域的前两次革命，面对已经来临的第三次革命，我们必须要迅速应对，迎头赶上（施一公等，2009）。

2.1.2　系统生物学

系统生物学（System Biology）作为一门新兴学科，相关概念早在 20 世纪中叶就已经提出。美国科学家维纳（Wiener）是最早提出从系统科学角度了解生命现象的先驱者之一，正是他的研究才有生物控制论出现。奥地利科学家贝塔兰菲（L. Bertalanffy）以生物学家的身份思考、研究并提出"一般系统论"（General System Theory），指出一般系统论除应用于生命科学领域，还适用于心理学、物理学、经济学等其他学科。然而由于生命科学研究水平和研究方法的局限性，直到 20 世纪末期，随着人类基因组计划的开展以及相关组学、生物信息学、计算机科学等多学科的快速发展，系统生物学研究和理论才真正得到广泛关注。系统生物学的定义最初是由美国科学院院士诺伊·胡德（Leroy Hood）提出的，按照他的定义，系统生物学是一门研究生物系统中所有组成成分的构成，以及在特定条件下这些组分间相互关系的学科。从系统生物学的定义可以看出，它不仅是一个研究生物学、系统学和控制论理论与技术的学科，更重要的是系统生物学已经逐步改变了生物学传统研究的思维，成为今后生物学研究的思想。

系统生物学将大力促进我国动植物育种技术的发展。目前，我国已完成了大豆、家蚕、家鸡、家猪、黄瓜等的全基因组测序工作。在未来 30 年里，将获得主要经济作物和家畜的全基因组图谱，建立农业种质资源库和种质资源基因组库。利用系统生物学手段将解析主要作物和家畜性状的生物学机制，在系统水平上了解其功能基因构成、基因间相互作用关系与调控网络，解析植物抗逆如抗旱、抗虫的系统生物学基础。在此基础上，对系统模型进行预测，通过合成生物学方法和手段进行育种，培育安全、优质、抗逆性好的动植物新品种。

系统生物学也将促进农业生物产业的发展。预计到 2020 年，我国生物产业规模将达到 3 万亿元，其中农业生物产业是重要的组成部分，包括动物制品和药物、生物质能源、农业生物制造和生物修复、农业生物制品、生物环保等。植物与微生物工厂将成为重要的农业生产方式。生物农药和生物肥料将替代现有农药和化肥。通过微生物发酵方式生产的生物饲料将逐步取代传统饲料。未来的微生物工厂将利用丰富的农业可再生资源如玉米秸秆、稻草秸、蔗渣及农副产品加工业、食品工业、造纸工业中产生的废弃物，生产有机酸、氨基酸、酶制剂、淀粉糖醇、食品添加剂以及生物柴油等。

为此，在加强医药等领域系统生物学研究的同时，需要加大农业系统生物学的研究力度，包括农业种质资源的收集、重要农业动植物和微生物的全基因组资源收集、农业基因组资源数据库和分析平台的建立、合成生物技术的开发和应用等。随着生物学、数学、计算机科学等相关学科的进一步发展，系统生物学势必会给整个生物学研究和生物产业带来巨大的推动力，也必将推动未来农业向着节约化、精准化、智能化和可持续化的方向发展。

2.1.3　合成生物学

随着基因组测序技术的不断发展和后基因组时代的来临，生命研究不仅局限于对生命现象的描述和生命规律的解构，还将建立全新的基因组乃至创造新的生命体，由此诞生了一个崭新的研究领域——合成生物学（Synthetic Biology）。合成生物学是指通过基本的元器件组装，实现全新生物合成路径的可能（贾斌，2014）。与传统的基因工程技术不同，合成生物学是新发展起来的一门新兴交叉学科，有望在医药、农业、化工、能源、健康、环境等领域实现规模化应用（图 2-1）。

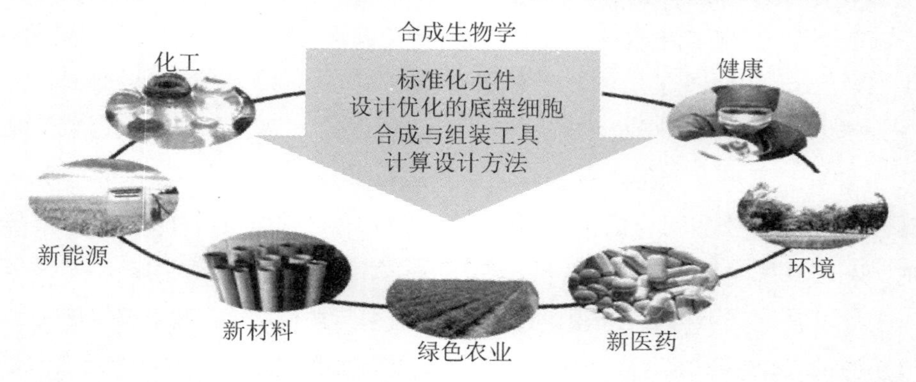

图 2-1　合成生物学及其应用领域（马延和，2014）

合成生物学是"自下而上"的研究体系，对科学发展与技术创新可能产生颠覆性影响。首先合成生物学打破了非生命物质与生命的界限，开启了"设计生命、再造生命和重塑生命"的进程。另外，合成生物学提出的"自下而上""从局部到整体"的研究思路颠覆了当前生命科学领域的研究模式，从一个全新的视角加深人类对生命本质的认识（图 2-2）。

目前世界各国政府都非常重视合成生物学对健康、环境、能源、医药、化工等领域带来的变革。2013 年美国能源部对美国国会发表合成生物学国会报告；2014 年 5 月美国国防部将合成生物学技术列为 21 世纪优先发展的六大颠覆性技术之一；2015 年美国科学院发布了《生物技术工业化：化学品先进制造路线图》，将合成生物学列为核心发展技术。我国国务院 2015 年发布《中国制造 2025》提出：全面推行绿色制造，努力构建高效、清洁、低碳、循环的绿色制造体系，同时把"绿色制造工程"作为重点实施的五大工程之一。合成生物学的发展利用有利于实现生物质资源的综合利用，减少二氧化碳的排放等（图 2-3）。因此，合成生物学的发展，必将推动我国化学品先进制造和生物经济的革命性发展。

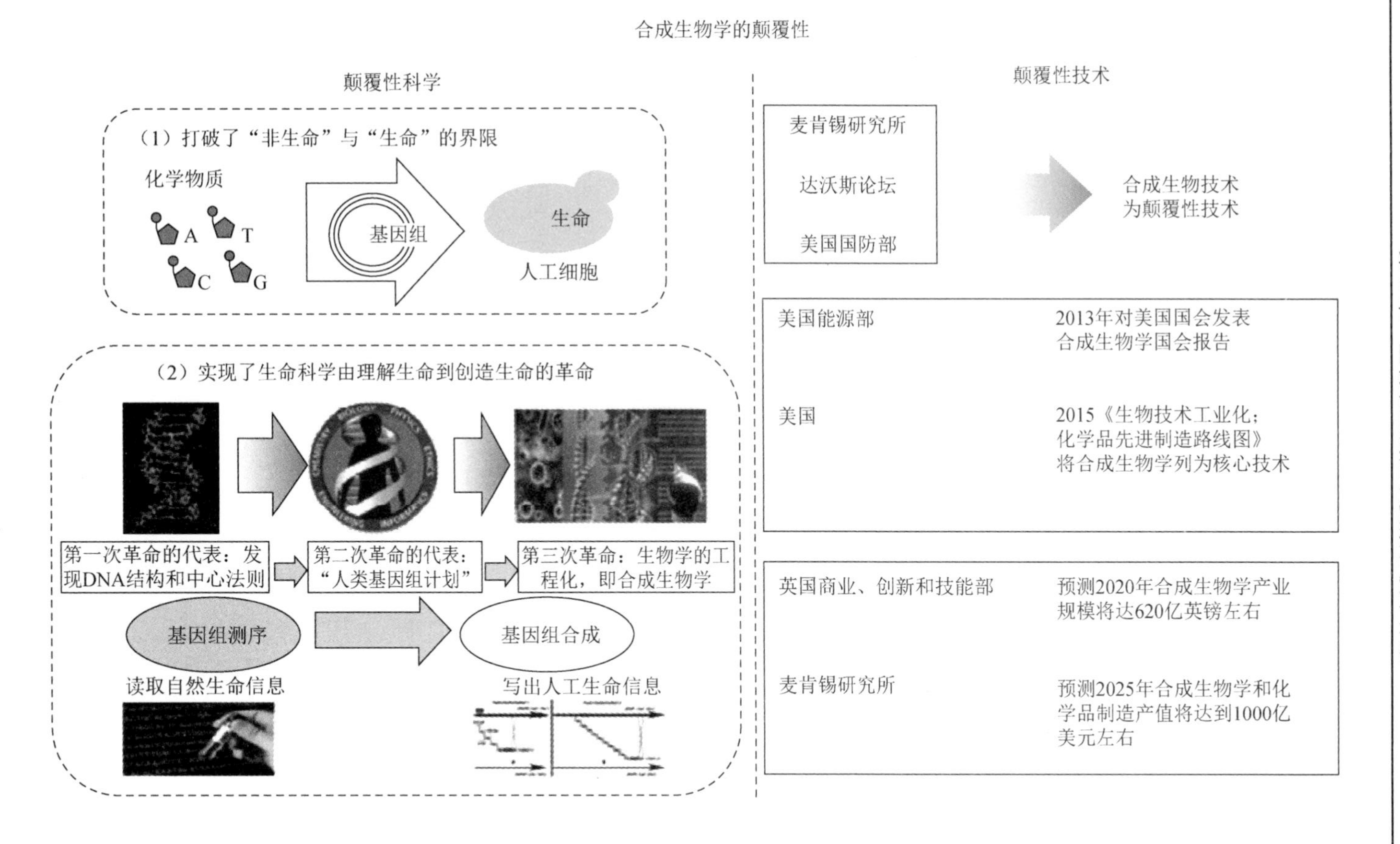

图 2-2 合成生物学对科学发展与技术创新的颠覆性影响（肖文海，2015）

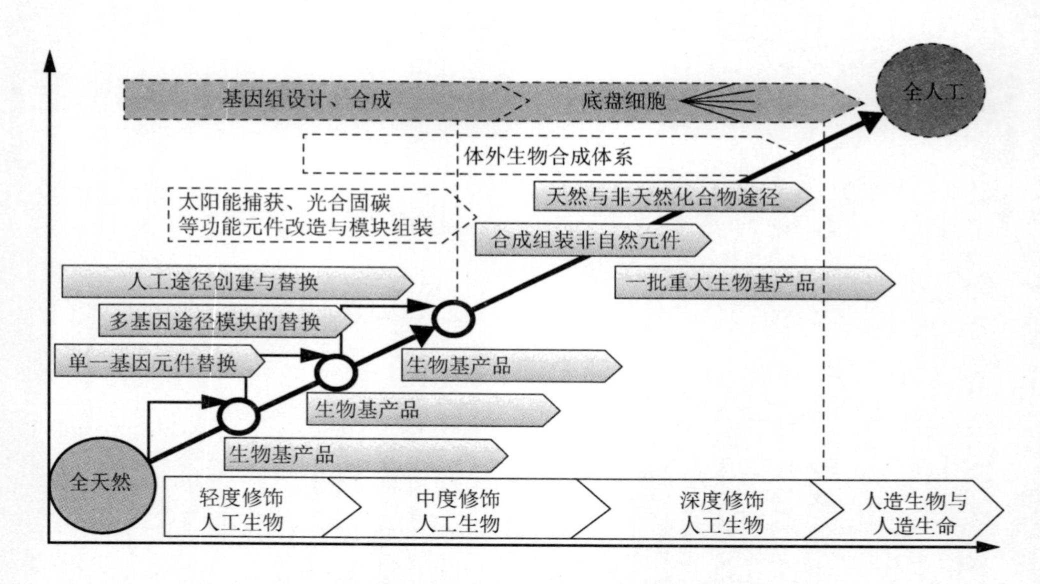

图 2-3 面向生物制造的合成生物学发展路线图（马延和，2014）

与在能源和医药行业的突飞猛进相比，合成生物学技术在农业技术领域发展较缓慢，但仍然有着巨大的发展潜力和市场前景。首先，合成生物学技术促进动植物分子育种技术的革命性发展。1994 年第一例转基因番茄在美国商业化种植以来，以转基因技术为核心的生物技术得到了迅速发展，但对生命本质理解的局限阻碍了分子育种技术的发展。随着合成生物学的发展，将产生大量可供使用的调控元件和功能模块，为作物育种提供材料和快速发展的动力。同时人工 DNA 合成技术、人工基因组合成技术也将为人工合成作物新品种提供了可能。可以展望，经过 30 多年的发展，将会有大量通过合成生物学技术培育的作物新品种，不仅满足人们的个性化需求，同时因对基因表达的完全可控，将解决目前转基因作物的安全性问题。其次，通过人工合成微生物和人工合成微生物群落，将促进农业微生物技术和微生物农业的快速发展。一方面，微生物肥料和微生物农药的应用，可以大大减轻生态环境恶化、土壤退化、能源消耗等。人工合成微生物和群落不仅可以大大提高微生物肥料和微生物农药的功效，同时可以实现微生物的自我调控，例如根据土壤中的营养物质变化以及农作物生长状态，自动调节人工微生物群落的数量和组成，最大程度减少对自然生态的影响。另一方面，人工合成微生物可以成为人类和动植物所需营养品及保健品的生产工厂，例如将作物秸秆作为发酵原料生产动物饲料，乃至高质量的蛋白，解决传统农业“与人争地”“与人争粮”的问题。

专栏 2-1　“细胞工厂”让秸秆变身降解塑料（佚名，2015）

秸秆、杂草、淀粉甚至二氧化碳，可以变成食品、药品、织物、能源？从第八届中国工业生物技术发展高峰论坛获悉，中国科学院天津工业生物技术研究所利用现代生物技术创建“细胞工厂”，创造了上述奇迹。

据中国科学院天津工业生物技术研究所所长马延和介绍，“细胞工厂”是指利用细胞自身的生命代谢来实现所需物质的生产加工。即通过“细胞工厂”，用秸秆、杂草、木薯、海藻等生物质原料制造人类所需的食品、医药、织物、材料、能源等。

“细胞工厂”让秸秆变身降解塑料是科研人员利用构建高产丁二酸的大肠杆菌，以秸秆等生物质为原料，用产生的丁二酸来制造 PBS。该方法与现有化学方法相比，具有成本低、二氧化碳排放极少等优点。与此同时，科研人员利用“细胞工厂”生产制造出 D-乳酸，并在 2016 年完成 3000t/a 生产示范线的建设，其生产成本较国外技术路线可下降 50%。而 D-乳酸是生物可降解塑料 PLA 重要单体化合物，因此，该技术的突破，为 PLA 生物可降解塑料产业的发展带来新机遇。

天津工业生物技术研究所的技术平台已辐射到天津以及环渤海区域 50 多家科研单位和企业，此外，该所还与京津冀三家公司共同承担了“天津市（京津冀地区）生物基材料制品应用示范”工程。预计经过 3 年建设，将实现在天津空港经济区每年生产 9000t 的生物基塑料替代制品，并辐射带动生物基塑料制品在天津市乃至京津冀地区的推广应用。

2.2　生物农业发展的技术支撑

2.2.1　光合作用机理及应用

光合作用是指含有叶绿体的绿色植物和某些细菌利用光能将二氧化碳和水转化为有机物，并释放出氧气的过程。光合作用为人类源源不断地提供粮食、能源和氧气等，如果没有光合作用，就不可能有人类社会的可持续发展（丁佳，2013）。对光合作用机理进行深入研究一直是生命科学研究的前沿与热点之一。

我国对光合作用研究具有悠久历史和良好基础，取得了一系列重大研究成果。北京大学赵进东团队对蓝藻藻胆体吸收光能在两个光系统间的分配与调节开展了系统研究，对揭示藻胆体吸收光能向光系统 I 传递的途径和调控方式有重要贡献。中国科学院植物研究所张立新团队在光合作用功能研究方面取得一系列重大成果。其中包括：在光系统 II 复合物组装调控机制及叶绿体信号传导机理方面取得一系列原创性、系统性重要成果；在国际上率先应用遗传学、生物化学、分子生物学和波谱学等手段开展光合膜复合物组装调控的研究，发现一批参与光系统 II 组装的重要调控因子，从分子水平上解释了其作用机制；首次发现叶绿体到细胞核的反向信号传导中的关键调控因子，揭示了叶绿体信号如何传导到细胞核的分子机理。饶子和院士团队在世界上首次成功解析出由 4 种不同蛋白质组成的线粒体膜蛋白复合物 II 的三维精细结构。

2017 年，欧盟开始征集 A-LEAF（a full device for artificial photosynthesis）项目，该项目旨在研发人工光合作用装置，提出一个全新的光-电-催化（photo-electro-catalytic，PEC）概念，设计、创建、验证和优化借助太阳能直接将水和 CO_2 转化为燃料、化学品和氧气的方法。这种电池装置具有以下特征：由廉价的多功能光电极构成；能将光辐射转化为光化学电位差（预期效率＞12%）；半细胞反应器的金属或金属氧化物超薄层和纳米颗粒催化剂（预期效率＞90%）；气/液/产品分离的先进膜技术使太阳能或燃料的效率高于 10%。所有组装部件由最大性能达到 pH＞7、适温（50～80℃）的高稳定性和良好动力学材料组成（左丽媛，2017）。

该项目获得“地平线 2020”计划近 800 万欧元资助，为期 4 年，是目前为止欧盟在人工光合作用研究投入最多的项目之一。来自欧盟的 8 个国家的 13 家研究机构参加了该项目。

2.2.2 微生物与农业生产

当今世界面临着环境污染、生态破坏、资源短缺、能源危机、粮食安全等全球性问题，世界各国高度重视农业可持续发展和粮食安全问题。大力发展生物育种、生物饲料、生物农业和生物肥料等农业生物技术能够大幅提高作物产量和改良作物品质，对于实现农业的可持续发展，保障粮食安全具有重要意义（李晶，2015）。

1）生物育种

与常规育种相比，生物技术在农牧业育种中扮演的角色越来越重要。生物技术是产业革命和知识经济中的高新技术。在农牧业育种过程中，生物技术具有能够克服远缘杂交不亲和障碍、定向改变生物性状、缩短生物进化过程、提高育种预见性、育种效率高等优势，未来发展前景广阔。

根据国际农业生物技术应用服务组织（ISAAA）发布的报告，2016 年，全球转基因作物种植面积达 1.851 亿 hm^2，较 2015 年增加了 540 万 hm^2。据英国咨询机构 Cropnosis 估计，2016 年全球转基因作物的市场价值为 158 亿美元，较 2015 年增加了 5 亿美元。2016 年，全球转基因作物市场价值占全球作物保护市场（735 亿美元）的 22%，占全球商业种子市场（450 亿美元）的 35%。

我国是农业大国，在发展生物育种领域，我国素来具备较丰富的生物资源和较明显的市场优势。国家也出台了一系列政策规划支持生物育种产业的发展（科学技术部，2012），与此同时，我国拥有一支庞大的生物技术人才队伍。相信在国家的大力支持下，在大家的共同努力下，我国生物育种产业一定会取得更大发展。

2）生物饲料

目前，开发优质、安全、高效、廉价、无公害的生物饲料已成为全球的焦点和热点。生物饲料的研发对于获取优质安全的动物产品、开发新型饲料和饲料添加剂、增强免疫力、促进畜牧业持续稳定发展具有重要的作用。

我国饲料用粮占粮食总产量的 35%，约 40%耕地用于饲料生产。随着畜牧水产养殖业的不断发展，饲料粮的供需缺口将进一步加大，因此，发展生物饲料产业是保障我国粮食安全和饲料安全的迫切需要。其次，生物饲料是保障畜禽水产品安全的有效技术途径。我国畜禽水产品问题主要来源于饲料中违禁物质的非法添加和药物的过度使用。生物饲料是不使用药物添加剂的饲料，研究表明生物饲料添加剂可有效替代药物添加剂，并具有通过调节免疫功能来改善养殖动物健康的功能。再次，生物饲料是改善畜禽水产品品质的有效技术途径。改革开放以来，我国畜禽水产品的生产效率得到大幅度提高，但口感、风味等有所下降，近年来的研究表明，饲喂发酵饲料可有效增加风味物质在畜禽水产品中的沉积，改善畜禽水产品品质。

3）生物农药

随着人们生活水平的提高，环境保护和健康意识的增强，有机食品、绿色食品等概念的应运而生，人们逐渐意识到之前大量使用化学农药对土壤、水源等生态系统造成的危害。减小化学农药的使用、优先采用生物农药等生物防治手段已成为农药发展的必然趋势。

我国每年由于病虫草害带来的植物生产损失约 30%，经济损失巨大。因此，发展绿色、高效、安全的生物防治技术意义重大。我国政府非常重视生物农药产业的发展，制定了一系列政策规划来鼓励生物农药产业的发展。2015 年农业部发布的《到 2020 年农药使用量零增长行动方案》中明确提出，到 2020 年我国农业实现农药使用总量零增长的目标（杨光，2015）。

经过多年发展，我国已经掌握了许多生物农药生产和研发的关键技术，部分技术处于世界领先水平（邱德文，2015），如人造赤眼蜂技术、虫生真菌的生产及应用。目前，我国苏云金杆菌杀虫剂等生物农药产品已获得广泛应用。但在药物靶标发现、基因工程疫苗设计、益生菌研制、生物农药分子设计等方面的原始创新能力明显不足，缺乏生物制剂核心技术和重大新品种。因此，必须加强相关基础研究，掌握核心技术，推动我国农药行业健康可持续发展。

4）生物肥料

肥料在保障我国粮食安全中具有不可替代的作用，20 世纪世界粮食单产一半的贡献来自化肥，总产量中三分之一的贡献来自化肥，据报道，如果停止施用化肥，全球作物产量将减产一半（赵秉强，2004）。我国是传统有机肥料施用大国，从 20 世纪 80 年代开始大量施用化肥，2016 年我国化肥产量达 7004.92 万 t，施用量约 6034 万 t，其中尿素产能利用率只有 78%，磷肥产能利用率 69%。由于大量使用化学肥料，土壤退化、生态环境恶化等一系列问题显现。因此，发展绿色高效肥料势在必行。

生物肥料具有生态环保、能够改善土壤结构等优势。因此，大力开发生物肥料对保障我国粮食安全和农业可持续发展具有重要意义。目前，根瘤菌剂在世界范围得到广泛推广和应用。我国生物肥料产业也在不断发展壮大，产品种类不断增加，使用菌种不断扩大，使用效果逐渐被使用者认可，应用范围也在不断拓宽。随着生物肥料行业的不断发展以及国家政策的大力支持，生物肥料行业具有广阔的发展前景。

2.2.3　生物技术与生物农业

1）工业微生物学发展历程

工业微生物学作为微生物学的一个重要分支，从工业生产需要出发来研究微生物生命活动规律，以及人为控制微生物代谢的规律性，利用微生物转化生产所需产品。

工业微生物学从形成到现在，经历了漫长的发展历程。它从酿酒、制醋等传统厌氧发酵技术发展起来。20 世纪 40 年代其深层发酵技术得以发现并应用于生产抗生素。20 世纪 70 年代以来，基因工程、原生质体融合技术、酶工程和发酵工程等新技术的发展，给工业微生物学发展注入新的活力（岑沛霖，2008）。工业微生物发展总体可以分为四个阶段。

第一阶段，19 世纪末，德国学者毕希纳证明微生物发酵是由酶催化的化学反应。之前人们已经利用酵母、乳酸菌等摸索生产乳酸酒精等发酵产品；第一次世界大战期间，对丙酮、乙醇、丁醇和甘油的大量需求加速了工业微生物学的发展，以易消毒的密闭发酵罐为代表，实现了微生物发酵工业的第一次飞跃。

第二阶段，由于第二次世界大战对青霉素的大规模需求，青霉素工业化的技术研究得以开展。通过搅拌通气使发酵罐内空气均匀分布，深层通气培养法成功建立。利用工业微生物生产抗生素的成功，大大促进了工业微生物的发展。自此，人们开始利用工业微生物发酵技术生产酶制剂、有机酸、维生素等。以通过搅拌通气发酵、抗杂菌污染的纯种培育技术为代表，奠定了现代发酵工程的基础。

第三阶段，20 世纪 50 年代，随着微生物遗传学、生物化学、分子生物学等学科的发展，通过诱变等手段，筛选出生产能力更高的菌种，并在谷氨酸生产中获得成功。

现阶段，20 世纪 70 年代开始发展起来的基因工程、细胞工程，以及系统生物学、合成生物学等新兴交叉学科的快速发展，推动工业微生物学向崭新的方向发展。

专栏 2-2　中国科学院近代物理研究所甜高粱全产业链示范工程

从2006年开始，中国科学院近代物理研究所科研人员利用重离子辐照诱变技术，培育甜高粱新品种，研发了一系列以甜高粱为原料的产品，建立了甜高粱循环经济产业链。

近代物理研究所研发人员培育出的新品种亩产量达8t以上（1亩≈667m^2），汁液含糖量20%左右。同时，利用重离子辐照培育出的新品种，主要特点是早熟、高产、抗倒伏、抗病、抗旱，糖锤度达22%。科研人员利用自己选育的酿酒酵母新菌种，通过甜高粱榨汁直接发酵工艺，利用液体深层发酵技术得到了高纯度乙醇。还可以利用研发的甜高粱青贮复合微生物菌剂工艺技术及饲料生产技术，为牛羊等牲畜提供优质饲料。

此外，科技人员还研发出用甜高粱汁生产酵母系列产品——人体免疫调节剂酵母β-葡聚糖、可清除人体自由基的酵母谷胱甘肽，以及用甜高粱汁生产氨基酸、果葡糖浆等产品，大大延伸了甜高粱的产业链。

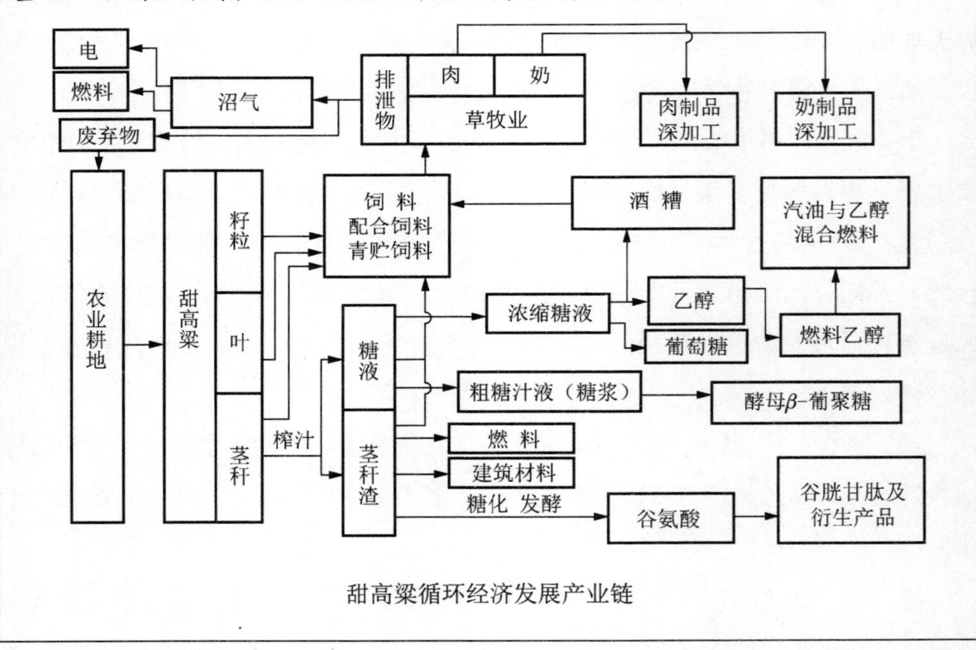

甜高粱循环经济发展产业链

2）食品安全快速检测技术

民以食为天，食以安为先，食品安全关系人民群众身体健康和生命安全，关系健康发展和社会和谐稳定大局。近年来，食品安全质量逐渐成为社会关注的热点问题，因此，快速高效的检测技术在保障食品安全方面将发挥重要作用。常见的检测技术有以下几类。

（1）酶抑制法速测技术。

酶抑制法速测技术是指利用有机磷及氨基甲酸酯可特异性抑制昆虫中枢和周围神经系统中乙酰胆碱酶（AchE）活性的原理，在乙酰胆碱酶及乙酰胆碱共存的体系下，加入待测农产品提取液和指示剂，根据反应体系中乙酰胆碱酶活性受到抑制的情况（由指示剂指示），判断出产品中有机磷和氨基甲酸酯类农药是否超标（杨静，2015）。目前，该方法已经广泛应用于检测农产品中的有机磷和氨基甲酸酯类农药残留，具有快速、低成本等优点。根据检测方式的不同，通常分为光度法、试纸法和 pH 计法等。

（2）生物传感器技术。

生物传感器（Biosensor）是一种对生物物质敏感并将其浓度转换为电信号进行检测的仪器。与传统化学与离线分析技术相比，生物传感器技术具有灵敏度高、稳定性好、便于携带等优点。常用于农药残留、微生物和毒素检验等。根据生物传感器中感受器不同可以分为酶传感器、细胞传感器、组织传感器、微生物传感器、免疫传感器等。

（3）免疫速测技术。

免疫速测技术是基于抗原与抗体的特异性结合反应建立起来的快速检测方法。具有操作简单、快速、灵敏等优点。根据检测标记物的不同可以分为放射免疫检测法、电化学免疫分析法、酶联免疫检测法、荧光免疫检测法、发光免疫检测法等。在食品检测中最常用的是酶联免疫检测技术，可以检测出食品中的生物毒素、农药残留等。

（4）其他检测方法。

随着生物技术的快速发展，食品安全快速检测技术也得到很大发展，除上述介绍的方法外，还出现分子印迹技术、便携式色谱质谱联用仪、生物芯片技术、PCR 技术等其他检测方法。

参 考 文 献

岑沛霖，蔡谨，2008．工业微生物学[M]．北京：化学工业出版社．

方陵生，2009．生命科学的第三次革命——麻省理工学院校长苏珊·霍克菲尔德的演讲[J]．世界科学，7：2-5.

丁佳，2013．光合作用为农业可持续发展提供支撑——光合作用分子机理研究“973”项目获得一系列突破性成果[N]．中国科学报，2013-9-30．

贾斌，李炳志，元英进，2014．合成生物学展望[J]．中国科学：化学，44(9)：1455-1460．

李晶，2015．国外农业生物技术的发展研究[J]．世界农业，12：53-56．

马延和，2014．合成生物学及其在生物制造领域的进展与治理[J]．科学与社会，4(4)：11-25．

黄堃，2014．美科促会主席：解决全球挑战需要生物学第三次革命[N]．新华网，2014-2-13．

邱德文，2015．生物农药的发展现状与趋势分析[J]．中国生物防治学报，31(5)：679-684．

科学技术部，2012．生物种业科技发展“十二五”重点专项规划[R]．2012-5．

施一公，饶毅，2009．第三次生命科学革命：中国，准备好了吗？——评 MIT 校长的演讲[N]．文汇报，2009-6-15．

佚名，2015．“细胞工厂”让秸秆变身降解塑料[N]．滨海时报，2015-12-14．

肖文海，王颖，元英进，2015．化学品绿色制造核心技术——合成生物学[J]．化工学报，67(1)：120-129．

杨光，2015．农业部力促中国 2020 年实现农药零增长[J]．农药市场信息，27：9．

杨静，王欢，谢伟强，等，2015．酶抑制法速测技术在农药残留检测中的应用[J]．现代农业科技，17：161，164．

赵秉强，张福锁，廖宗文，等，2004．我国新型肥料发展战略研究[J]．植物营养与肥料学报，10(5)：536-545．

左丽媛，2017．欧盟 A-LEAF 项目研发人工光合成完整装置[N]．中科院生物科技战略情报，2017-3-29．

U.S. Department of Energy, 2013. Synthetic biology, report to congress [EB/OL]. http://www.synberc.org/sites/default/files/DOE%20Synthetic%20Biology%20Report%20to%20Congress_Fnl.pdf.

U.S. Department of Defense, 2014. DOD science & technology priorities [EB/OL]. http://community.apan.org/afosr/m/alea_stewart/135113/download.aspx.

U.S. National Academy of Sciences, 2015. Industrialization of biology: a roadmap to accelerate the advanced manufacturing of chemicals [EB/OL]. http://www.nap.edu/catalog/19001.

第 3 章　生物农业发展的国际经验与启示

目前作物单产的增加趋势将不能满足到 2050 年全球倍增的食物需求（Ray et al.，2013），到 2050 年，为养活 96 亿人口，全球农业将面临严峻挑战（Global Harvest，2014），而发展生物农业是国际社会需要优先采取的四大行动之一。

本章从农业生产格局、人均消费格局、国际农业取得的成就及引发的问题等方面切入，总结国际农业发展的现状与特点，并展望国际农业未来的发展方向。

农业发展具有阶段性特点，我国现阶段农业正处于向生物农业转型的关键时期，表现出一些问题。因此，本章系统梳理技术先进国家在有机农业、污染场地管理、绿色防控方面的成熟经验，结合我国农业发展现阶段的问题，为我国生物农业发展提出一些建议。建议我国从完善管理体系、扶持创新技术研发、改善环境绩效和其他社会关切点出发，为我国生物农业创造良好的发展环境。

3.1　国际农业发展现状及展望

长期以来，受各国农业保护政策影响，农产品贸易并不在国际贸易规范约束范围内。尽管农业贸易问题多次被纳入多边贸易谈判，但始终未能形成统一的管理框架。因此，长期以来，并没有一个供各成员国遵循的国际农业规则。在解决国际农产品贸易争端时，国际食品法典（Codex）标准是 WTO 的唯一仲裁标准。该食品仲裁标准在维护食品贸易公平、保护社会公众健康方面发挥着重要的作用。食品法典农药残留限量标准（MRLs）是 Codex 中数量最多、比例最大、修订最活跃的食品安全标准之一。食品法典农药残留委员会（Codex Committee on Pesticide Resicues，CCPR）具体承担农药残留限量标准的制定、修订工作。2013 年国际食品法典委员会（Codex Alimentarius Commission，CAC）大会审议并通过的农药残留限量标准值详见表 3-1～表 3-3（李贤宾等，2013）。

表 3-1　杀虫剂的残留限量标准

农药通用名	食品名称	MRLs(mg/kg)
敌敌畏 Dichlorvos	小麦面粉	0.7
	小麦全麦粉	3
	未加工麦麸	15
	哺乳动物脂肪（乳脂肪除外）、哺乳动物肉(海洋哺乳动物肉除外)、奶类、可食用家禽内脏、家禽油、家禽肉、哺乳动物内脏、蛋	0.01
	稻米	7
	未加工稻米糠	15
	糙米	1.5
	精米	0.15
	小麦	7
三氯杀螨醇 Dicofol	绿（黑）茶	40
克百威 Carbofuran	香蕉	0.01
甲拌磷 Phorate	马铃薯	0.3
氰戊菊酯 Fenvalerate	芒果	1.5
	西兰花（中国）	3
除虫脲 Diflubenzuron	大麦、燕麦、黑小麦、小麦	0.05
	花生	0.1
	树坚果	0.2
	油桃、桃、洋李（包括洋李干）	0.5
	甜辣椒（包括西班牙甘椒或红柿子椒）	0.7
	谷物秸秆和干饲料	1.5
	干草（饲料草）、红辣椒	3
	绿芥菜	10
	干红辣椒	20
	饲料花生	40

农药通用名	食品名称	MRLs(mg/kg)
茚虫威 Indoxacarb	莴苣叶	3
乙基多杀菌素 Spinetoram	鳞茎洋葱、蛋、家禽油、家禽肉、可食用家禽内脏	0.01
	豆类(蚕豆和大豆除外)	0.05
	蓝莓	0.2
	芸薹类蔬菜、花椰菜、葡萄、油桃、桃	0.3
	威尔士洋葱、（红）黑树莓、香葱	0.8
	芹菜	6
	菠菜	8
螺虫乙酯 Spirotetramate	奶类	0.005
啶虫脒 Acetamiprid	叶菜	×
	菠菜	×
氟啶虫胺腈 Sulfoxaflor	大蒜、鳞茎洋葱	0.01
	根茎类蔬菜	0.03
	菜花	0.04
	蛋、家禽肉	0.1
	油菜籽	0.15
	奶类、黑小麦、小麦	0.2
	哺乳动物肉(海洋哺乳动物肉除外)、可食用家禽内脏、干大豆	0.3
	结球甘蓝、棉籽	0.4
	葫芦科果类蔬菜、草莓	0.5
	大麦、哺乳动物内脏	0.6
	香葱	0.7
	芹菜、葫芦科除外的果类蔬菜	1.5
	葡萄、干大麦秸秆、椰菜、大豆饲料、干小麦草和小麦草饲料	2

续表

农药通用名	食品名称	MRLs(mg/kg)
氟啶虫胺腈 Sulfoxaflor	葡萄干	6
	叶菜	6
	干红辣椒	15
呋虫胺 Dinotefuran	蛋、家禽肉、可食用家禽内脏	0.02
	哺乳动物内脏、哺乳动物肉（海洋哺乳动物肉除外）、奶类、鳞茎洋葱	0.1
	蔓越莓	0.15
	棉花种子	0.2
	精米	0.3
	葫芦科除外的果类蔬菜、葫芦科果类蔬菜	0.5
	芹菜	0.6
	油桃、桃	0.8
	葡萄	0.9
	芸薹类蔬菜、结球甘蓝、花椰菜	2
	葡萄干	3
	香葱	4
	干红辣椒	5
	叶菜、干稻草及饲料	6
	豆瓣菜	7
	大米	8

农药通用名	食品名称	MRLs(mg/kg)
高效氟氯氰菊酯 Cyfluthrin/beta-cyfluthrin	奶类	0.01
	哺乳动物肉（海洋哺乳动物肉除外）	0.2
	结球甘蓝	0.08
	哺乳动物内脏	0.02
	干大豆	0.03
	大豆饲料	4
灭蝇胺 Cyromazine	鹰嘴豆（干）、小扁豆（干）、羽扇豆（干）	3
噻嗪酮 Buprofezin	香蕉	0.3
	绿茶	30
噻螨酮 Hexythiazox	草莓	6
醚菊酯 Etofenprox	葡萄	4
S-氰戊菊酯 Esfenvalerate	棉籽、小麦	0.05
	番茄	0.1
	豆类	2
	芹菜	6
甲氧虫酰肼 Methoxyfenozide	哺乳动物内脏	0.2
	哺乳动物脂肪（乳脂肪除外）、哺乳动物肉（海洋哺乳动物肉除外）	0.3
	柑橘类水果	2
	豌豆（干）	5
	豌豆（带荚=未成熟籽粒）	2
	葫芦科果类蔬菜	0.3

注：×表示终止制定/修订。

在《乌拉圭回合农业协定》的规范下，目前国际农业处于现代农业发展阶段。相对于传统农业而言，现代农业是一定时期和一定范围内，基于现代工业提供的生产资料和科学管理方法，通过普遍使用现代生产工具，广泛应用现代高新技术发展而来的高效农业（柳忠田，2016）。现代农业在给人类带来高粮食产量的同时，也面临着农业生态环境日趋恶化、资源约束、农产品质量安全等问题，从表 3-1～表 3-3 不难看出，国际社会越来越关注食品安全。预计，不远的将来，现代农业将面临严峻挑战。

表 3-2　杀菌剂的残留限量标准

农药通用名	食品名称	MRLs(mg/kg)
百菌清 Chlorothalonil	香蕉	15
	甜菜	50
腈苯唑 Fenbuconazole	仁果类水果	0.5
	哺乳动物肉（海洋哺乳动物肉除外）	0.01
	哺乳动物内脏、花生	0.1
	洋李（包括洋李干）	0.3
	蓝莓	0.5
	辣椒	0.6
	苹果干、蔓越莓、未加工的大麦麸皮	1
	干红辣椒	2
	杏仁壳	3
	花生饲料	15
吡唑醚菌酯 Pyraclostrobin	可食用柑橘油	10
咯菌腈 Fludioxonil	芒果	2
肟菌酯 Trifloxystrobin	芦笋	0.05
	茄子	0.7
	莴苣茎	15
	精炼橄榄油	1.2
	粗加工橄榄油	0.9
	橄榄	0.3
	番木瓜	0.6
	萝卜	0.08
	萝卜叶（包括萝卜尖）	15
	草莓	1
	杨桃	0.1
	干人参，包括红参	0.3
	人参提取物	0.5
氟吡菌酰胺 Fluopyram	奶类	0.3
	哺乳动物肉（海洋哺乳动物肉除外）	0.5
	花生、马铃薯	0.03
	糖用甜菜、树坚果	0.04
	豆类（干）、鹰嘴豆（干）、小扁豆（干）、羽扇豆（干）	0.07
	家禽肉	0.2
	蛋	0.3
	胡萝卜、桃、草莓、番茄	0.4
	牛、山羊、猪和羊的肾、仁果类水果	0.5
	樱桃、可食用家禽内脏	0.7
	香蕉	0.8
	牛、山羊、猪和羊的肝	3
粉唑醇 Flutriafol	葡萄干	2
	葡萄	0.8
Penthiopyrad	甜玉米（玉米笋）	0.02
	马铃薯、树坚果	0.05
	带荚豆类、脱壳豌豆（嫩籽粒）、豆类	0.3
	葫芦科果类蔬菜	0.5
	胡萝卜	0.6
	鳞茎洋葱	0.7
	果类蔬菜，葫芦科除外	2
	豆类（蚕豆和大豆除外）、带荚豌豆、萝卜、草莓	3
	威尔士洋葱、香葱、核果类水果	4
	花椰菜	5
	干红辣椒	14
	芹菜	15
	叶菜	30

续表

农药通用名	食品名称	MRLs(mg/kg)
Penthiopyrad	青芜菁	50
氟唑菌酰胺 Fluxapyroxad	棉籽、玉米、花生	0.01
	蛋、奶类、家禽肉、可食用家禽内脏	0.02
	马铃薯	0.03
	家禽油	0.05
	带荚豆类、脱壳豌豆（嫩籽粒）	0.09
	哺乳动物内脏	0.1
	干大豆、糖用甜菜、甜玉米（玉米笋）	0.15
	哺乳动物肉（海洋哺乳动物肉除外）	0.2
	豆类（干）、黑麦、大豆壳、黑小麦、小麦	0.3
	鹰嘴豆（干）、小扁豆（干）、豌豆（干）	0.4
	乳脂肪、大豆（嫩籽粒）	0.5
	果类蔬菜，葫芦科除外	0.6
	含油种籽，花生除外	0.8
	仁果类水果	0.9
	未加工麦麸	1
	大麦、豆类（蚕豆和大豆除外）、燕麦、豌豆，（带荚=未成熟籽粒）、核果类水果	2
	已加工的大麦麸皮	4
氟唑菌酰胺 Fluxapyroxad	洋李干	5
	干红辣椒	6
	玉米饲料（干）	15
	干大麦秸秆、干燕麦麦秆和草料、干黑麦秆及饲料、大豆饲料、干杂交麦秆及饲料、干小麦草和小麦草饲料	30
	豌豆干草或豌豆干饲料	40
氟唑环菌胺 Sedaxane	大麦、哺乳动物内脏、蛋、哺乳动物脂肪（乳脂肪除外）、哺乳动物肉（海洋哺乳动物肉除外）、乳脂肪、奶类、燕麦、家禽油、家禽肉、可食用家禽内脏、油菜籽、黑麦、干大豆、黑小麦、小麦	0.01
	干大麦秸秆、干燕麦麦秆和草料、干黑麦秆及饲料、干杂交麦秆及饲料、干小麦草和小麦草饲料	0.1
唑嘧菌胺 Ametoctradin	蛋、家禽油、家禽肉、可食用家禽内脏	0.03
	马铃薯	0.05
	黄瓜	0.4
	葫芦科除外的果类蔬菜、大蒜、鳞茎洋葱、小洋葱	1.5
	葫芦科果类蔬菜	3
	葡萄	6
	芸薹类蔬菜，结球甘蓝，花椰菜	9
	干红辣椒	15
	芹菜、葡萄干、香葱	20
	干啤酒花	30
	叶菜	50

表 3-3　除草剂的残留限量标准

农药通用名	食品名称	MRLs(mg/kg)
草铵膦 Glufosinate-Ammonium	奶类	0.02
	哺乳动物肉（海洋哺乳动物肉除外）、菜豆（带荚和/或鲜籽粒）、粗加工油菜籽油、蛋、胡萝卜、家禽肉、鳞茎洋葱、野苣	0.05
	果皮不可食的热带和亚热带水果、仁果类水果	0.1
	核果类水果	0.15
	芦笋	0.4
	糖用甜菜	1.5
	柑橘类水果	0.05
	可食用家禽内脏、树坚果、玉米	0.1
	马铃薯	0.1
	黑醋栗、红醋栗、白醋栗	1
	菜豆（干）	0.05
	油菜籽	1.5
	玉米饲料（干）	8
	醋栗	0.1
	果皮可食的热带和亚热带水果	0.1
	（红）黑树莓	0.1
	咖啡豆	0.1
	蓝莓	0.1
	葡萄	0.15
	草莓	0.3
	洋李干	0.3
	莴苣茎	0.4
	大米	0.9
	豆类饲料	1
	干稻草及饲料	2
	棉花种子	5
	甜菜糖浆	8
噻草酮 Cycloxydim	可食用家禽内脏、奶类	0.02
	家禽肉、家禽油	0.03
	哺乳动物肉（海洋哺乳动物肉除外）	0.06
噻草酮 Cycloxydim	大米、干稻草及饲料、核果类水果、仁果类水果	0.09
	哺乳动物脂肪（乳脂肪除外）	0.1
	蛋	0.15
	糖用甜菜、甜菜根、玉米	0.2
	葡萄	0.3
	哺乳动物内脏	0.5
	块根芹	1
	番茄、莴苣茎、莴苣叶	1.5
	玉米饲料（干）	2
	草莓、鳞茎洋葱、马铃薯	3
	韭菜	4
	胡萝卜	5
	向日葵籽	6
	亚麻籽、油菜籽	7
	芸薹类蔬菜（结球甘蓝，花椰菜）、辣椒	9
	豆类（蚕豆和大豆除外）、脱壳豌豆（嫩籽粒）	15
	豆类（干）、豌豆（干）	30
	干大豆	80
	干红辣椒	90
苯嘧磺草胺 Saflufenacil	豆类	0.3
2 甲 4 氯 MCPA	玉米、豌豆（干）	0.01
	奶类	0.04
	蛋、家禽油、家禽肉、可食用家禽内脏	0.05
	哺乳动物肉（海洋哺乳动物肉除外）	0.1
	大麦、哺乳动物脂肪（乳脂肪除外）、燕麦、黑麦、黑小麦、小麦	0.2
	玉米饲料（干）	0.3
	哺乳动物内脏	3
	干大麦秸秆、干燕麦麦秆和草料、干黑麦秆及饲料、干杂交麦秆及饲料、干小麦草和小麦草饲料	50
	干草，饲料草	500

3.1.1　国际农业发展的现状

农产品需求量是调动农作物生产积极性的主导因素，此外，不断变化的膳食偏好将影响农产品的价格，进而影响农作物生产决策。因此，本小节将从农业生产格局、人均消费格局、国际农业取得的成就及引发的问题等方面切入，总结国际农业发展的现状与特点，并对国际农业未来的发展方向进行展望。总体来说，目前全球层面对农作物的需求量依旧坚挺，但全球不同区域囿于资源、膳食偏好等因素，农产品增长率将普遍放缓，未来 10 年全球农业的增长率预计将从过去 10 年的年均 2.2%下降至 1.5%。届时，农作物单产的增加趋势将不能满足全球食物倍增的需求。对耕地稀缺或贫瘠的国家，通过应用无土栽培技术等现代生物技术提高资源利用率和作物生产率，减少对土壤依赖的高效农业将成为农业未来的发展方向。

1）农业生产格局

农业产出主要由小麦、稻谷、粗粮、猪肉、牛肉、羊肉、禽肉 7 部分构成（OECD，2015），所以，我们选择小麦产量、稻谷产量、粗粮产量、猪肉产量、牛肉产量、羊肉产量、禽肉产量 7 个指标作为农业产出指标，详见表 3-4。

表 3-4　农业产出指标体系

<table>
<tr><td rowspan="9">农产品产出</td><td>指标</td><td>简介</td></tr>
<tr><td>小麦产量（千吨）</td><td>作物年度内国家层面的小麦总产量</td></tr>
<tr><td>稻谷产量（千吨）</td><td>作物年度内国家层面的稻谷总产量</td></tr>
<tr><td>粗粮产量（千吨）</td><td>粗粮是指大麦、玉米、燕麦、高粱及其他，但在澳大利亚，粗粮还包括黑小麦，在欧盟包括黑麦。粗粮产量指作物年度内国家或经济体层面产出的粗粮总重</td></tr>
<tr><td>猪肉产量（千吨胴体重）</td><td>每年国家或经济体层面产出的猪肉胴体重</td></tr>
<tr><td>牛肉产量（千吨胴体当量）</td><td>每年国家或经济体层面产出的牛肉胴体当量</td></tr>
<tr><td>羊肉产量（千吨胴体当量）</td><td>每年国家或经济体层面产出的羊肉胴体当量</td></tr>
<tr><td>禽肉产量（千吨即烹食品）</td><td>每年国家或经济体层面产出的禽肉即烹食品的重量</td></tr>
</table>

如图 3-1 所示，2003 年以来，在 9 个国家（或经济体）中，美国粗粮、牛肉和禽肉的年平均产量最高，分别为 3.14 亿 t、1132.56 万 t 和 1883.21 万 t，我国稻谷、猪肉、羊肉的年平均产量最高，分别为 1.29 亿 t、4707.03 万 t 和 370.36 万 t，欧盟小麦的平均产量最高，为 1.35 亿 t。2003 年以来，在日本、中国、俄罗斯、巴西和南非 5 国，除俄罗斯粗粮和牛肉、南非稻谷、巴西小麦、日本羊肉外，其

他农产品产量均呈增长趋势，而俄罗斯粗粮、南非稻谷、巴西小麦、日本羊肉的产量表现不稳定，变化趋势不显著，俄罗斯牛肉产量有所降低。对于美国、欧盟、澳大利亚、加拿大，2003 年以来，其农产品的表现并不一致，具体来说，除美国禽肉外，其他国家或经济体的小麦和禽肉、欧盟的稻谷和猪肉、美国的粗粮和猪肉、澳大利亚的牛肉和稻谷产量均有所增加；除美国牛肉、澳大利亚牛羊肉外，其他国家或经济体的牛羊肉、澳大利亚以及加拿大的猪肉和粗粮产量均有所下降；欧盟的粗粮、美国的稻谷和牛肉、澳大利亚的羊肉、加拿大的稻谷产量基本保持不变。

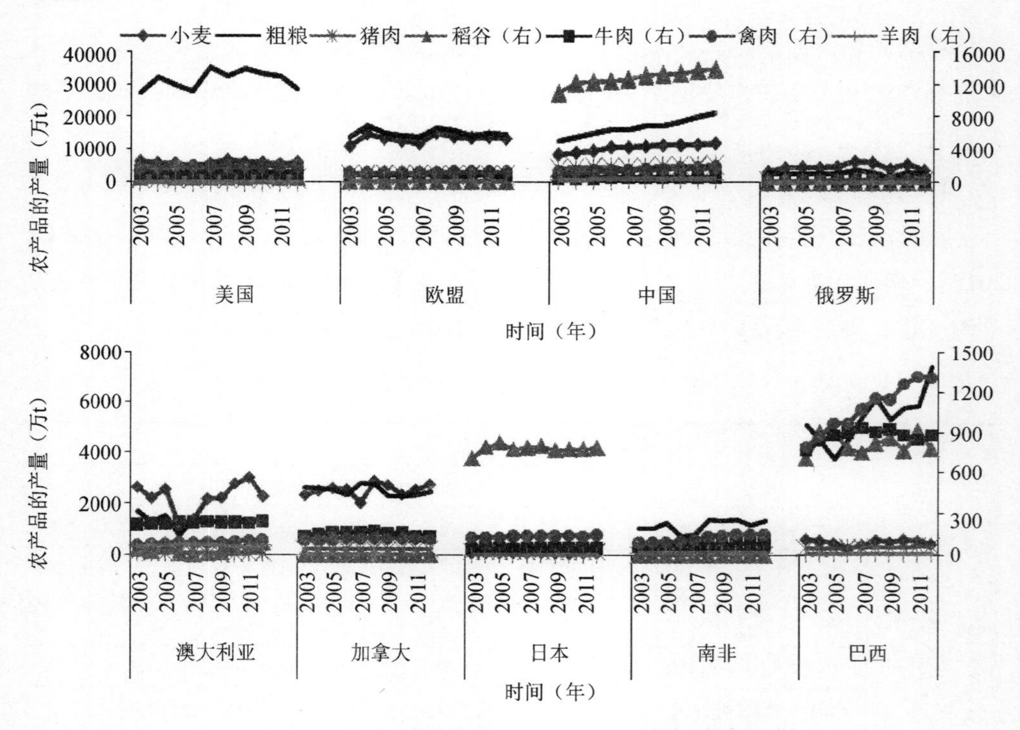

图 3-1　9 个国家（或经济体）的农业产出

农产品产量增长主要集中在资源约束较小的地区。展望期内（2015～2024 年），农产品需求量增长依然强劲，这将促使产量大幅提升。但展望期内增长将远低于过去 10 年的水平。此外，不断变化的膳食偏好将影响相对价格水平，从而影响生产决策。肉类和奶制品需求量增加，受此影响，粗粮和蛋白粉的产量将随之增加。相比之下，主要用作食品的谷物产量增速较慢。

全球范围内，到 2024 年，新增谷物产量将超过 3.2 亿 t，其中，1.8 亿 t 将是粗粮，占新增产量的一半以上（图 3-2）。新增粗粮产量中，将仅有 10%来自最不发达国家，48%来自其他发展中国家，42%来自发达国家。同期，油菜籽产量也将增长 20%以上，从而使油菜籽产品产量稳步增长；到 2024 年，蛋白粉产量预计将增加 23%，达到 3.55 亿 t；同期，植物油产量将增加 24%。葵花籽和油菜籽等出油率高的油料作物传统国家的植物油产量增速明显放缓。蛋白粉需求强劲使传统大豆主产区种植面积扩大，因为大豆的蛋白粉含量较高。

尽管全球层面对农作物的需求量坚挺，能否扩大农作物产量仍取决于诸多因素，如农业土地的限制、环境关切和政策环境的变化。因此，不同区域农作物产量增长的驱动力会截然不同。过去 10 年，全球农产品产量以年均 2.2%的速度增长，得益于包括俄罗斯在内的东欧各国（3.3%）、非洲（2.9%）和亚洲及太平洋地区（2.9%）的强劲增长。西欧农业年均增长率仅为 0.7%，北美为 1.5%。未来 10 年，全球农业增长率预计将下降至每年 1.5%左右，各区域增长将普遍放缓，特别是东欧和俄罗斯，农业年均增长率仅为 1.3%，亚洲及太平洋地区为 1.7%。而非洲、拉丁美洲及加勒比地区保持全球领先，农业年均增长率分别为 2.4%和 1.8%。在亚洲及太平洋地区，土地和自然资源束缚尤其严峻，因此生产率提升将成为产量增加的主要驱动力。这些区域的粗粮种植面积将继续保持相对稳定，产量增长得益于单产提高。鉴于总的作物面积有限，油菜籽种植面积的扩大将以稻米和小麦等口粮谷物的种植面积减小为代价（图 3-2）。相比之下，拉丁美洲及加勒比地区的土地和自然资源约束情况较为乐观，将为更强劲的产量增长留出空间，包括种植面积扩大和单产提高带来的产量增长（图 3-2）。目前，该地区土地主要用于种植油菜籽和粗粮。受强有力的蛋白粉需求拉动，展望期内，油菜籽种植面积将以年均 1.2%的速度扩大。鉴于新增种植面积中很大比重将用来种植油菜籽，种植面积的扩大并没有以牺牲其他大宗作物为代价，而且每年粗粮种植面积也扩大了 0.7%，小麦种植面积扩大了 0.6%。非洲，特别是撒哈拉以南地区，土地供应仍然十分充足。未来 10 年，该地区总的作物种植面积将扩大 10%以上。由于玉米是该地区重要主粮，新增种植面积的大部分将用于种植粗粮。尽管非洲农业生产率不断提升，但是作物单产仍远低于世界平均水平。进一步投资农业生产能力，将可能增加该地区农业产量。

棉花在全球作物种植面积中的比重很小，但棉花具有增长活力。在十年预测期内，棉花种植面积将扩大 6%。棉花产量增长将越来越集中在低产田，因此，在全球层面，单产将仅以年均 1.1%的速度增长。尽管如此，在多数区域，面积增长和单产提高将共同推动产量增长，而我国是唯一产量预计不会增长的棉花主产国。

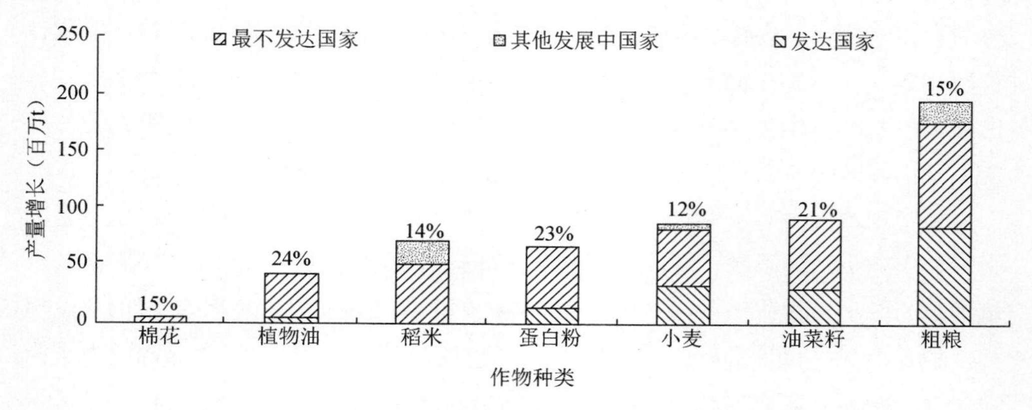

图 3-2 最不发达国家、其他发展中国家和发达国家作物产量增长预测

注：柱图上数字为 2024 年与 2012～2014 年相比的百分比增长。

资料来源：经合组织/粮农组织（2015 年），《经合组织-粮农组织农业展望》，经合组织农业统计数据（数据库），http://dx.doi.org/10.1787/agr-outl-data-en. http://dx.doi.org/10.1787/888933228776。

2）人均消费格局

发展中国家热量摄入量继续增加且渐趋多元。在多数文化中，谷物仍是日常膳食的主要主粮，也是膳食能量的最重要来源。随着收入水平的提高，饮食偏好不断变化，城镇化进程不断推进，膳食多样化趋势日渐明显。因此，目前谷物仅占发达国家从《经合组织-粮农组织农业展望》所涉商品中获取热量总量的 37%，占最不发达国家的 71%，占其他发展中国家的 54%（图 3-3）。在全球层面，总热量摄入量预计将会增加；但增长率在不同区域和不同收入人群间存在差异。在十年预期内，最不发达国家的总热量摄入量将增加 6%，并将于 2024 年超过 2000 千卡/（天·人）（1 千卡=4185J），仍远低于发达国家水平。发展中经济体，不包括最不发达国家，人均总热量摄入量增长幅度最大，到 2024 年将几乎达到 2800 千卡/（天·人），仅略低于发达国家热量摄入量，总热量摄入量进一步增长的空间有限。除绝对值增加外，来自建模商品的总热量摄入的组成也渐趋多元，体现出因收入水平提高、城镇化及消费习惯改变而引起的饮食偏好的变化。未来 10 年，从谷物中摄取的热量仅小幅增长，但方便即食食品消费量的增长将使食糖和植物油的需求量扩大，这将是发展中国家热量摄入量增加的主要驱动力。全球食糖人均消费量每年增加约 1.03%，而植物油人均消费量将以年均 0.84%的速度增长。对这两种产品而言，95%以上的消费量增长将集中在发展中国家。特别是植物油是一种经济型油脂来源，到 2024 年，新兴经济体来自植物油的日热量摄入量将超过 530 千卡/人，发达地区 615 千卡/人。尽管在展望期间，到 2024 年，最不发达国家来自植物油的日热量摄入量仍较发达国家低 40%，在最不发达国家，植物油仍是仅次于谷物的最大膳食能量来源（OECD/FAO，2015）。

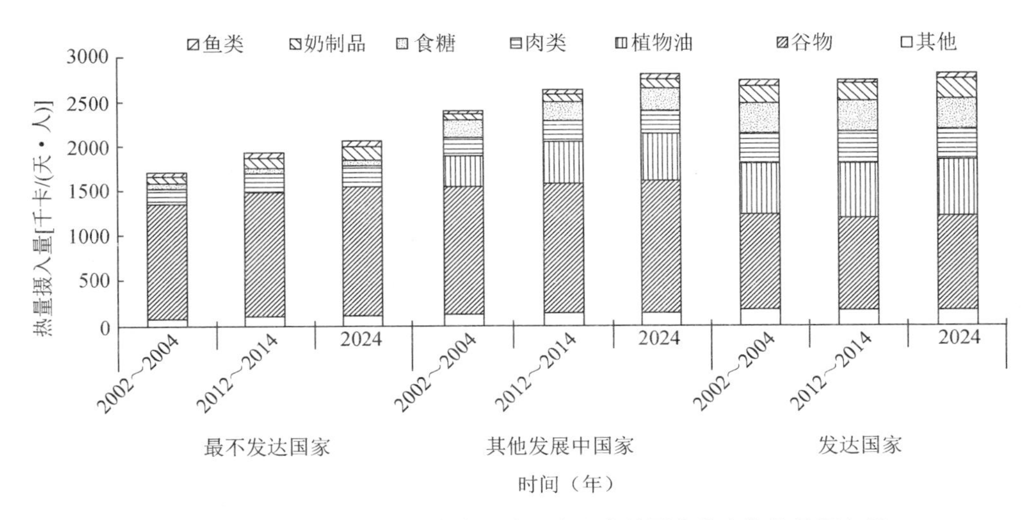

图 3-3　最不发达国家、其他发展中国家和发达国家的人均热量摄入量

注："其他"包括禽蛋及根茎作物。本图不包括蔬菜、水果、豆类及其他食品。
资料来源：经合组织/粮农组织（2015 年），《经合组织-粮农组织农业展望》，经合组织农业统计数据（数据库），http://dx.doi.org/10.1787/agr-outl-data-en, http://dx.doi.org/10.1787/888933228737；OECD/FAO（2015），OECD-FAO Agricultural Outlook 2015，CAAS，Beijing。

尽管全球蛋白质摄入量增长强劲，绝对人均消费量仍不均衡。发达国家总热量摄入量仍基本停滞；相比之下，各国各收入水平的人均蛋白质摄入量持续增长（图 3-4）。各区域因食物偏好和收入水平不同，蛋白质摄入量绝对值和蛋白质来源也不尽相同。到 2024 年，最不发达国家总蛋白质摄入量的 60%将来自于谷物，较基期下降了两个百分点。肉类在总蛋白质摄入量中所占比重在最不发达国家为 9%，在发达国家则接近 26%并呈上升趋势。全球肉类消费量将以年均 1.4%的速度增长，到 2024 年，新增肉类消费量将达到 5100 万 t，占新增蛋白质摄入量的 16%以上。而发展中国家肉类消费量将以更快速度增长，截至 2024 年，人均绝对消费量仍将不足发达国家的一半。禽肉因具有脂肪含量低和宗教障碍少的特点，被广泛视为一种价格实惠和健康的肉类。禽肉在肉类消费中占据主导地位，年均增长率为 2%。到 2024 年，肉类消费增量的一半将来自于禽肉。相比之下，猪肉消费已在许多传统快速增长地区达到饱和，并以年均不足 1%的速度增长，从而使禽肉超过猪肉成为全世界最受欢迎的肉类。展望期内，受亚洲和中东日益坚挺的需求驱动，价格相对较高的牛肉和羊肉消费量将分别以每年 1.3%和 1.9%的速度增长。鱼类仍是一种重要且价格实惠的蛋白质来源，对发展中国家尤其如此。2024年，全球鱼类消费量预计将较基期高 19%。因此，到 2024 年，鱼类对发达国家和发展中国家的总蛋白质摄入量的贡献率约为 6.5%。过去 10 年，奶制品消费量迅速扩大并成为膳食蛋白质的重要来源。从全球来看，在十年预测期内，奶制品需求量将扩大 23%，到 2024 年接近 4800 万 t。发展中国家的需求量增长仍最为强劲。鉴于这些地区的人们偏爱新鲜奶制品，新增奶制品产量的近 70%将通过鲜食方式消费。在加工奶制品中，奶酪消费量预计将继续保持最大份额，奶酪需求量将以年均 1.6%的速度增长。黄油消费量增长最为迅速，年均增长率将达到 1.9%。

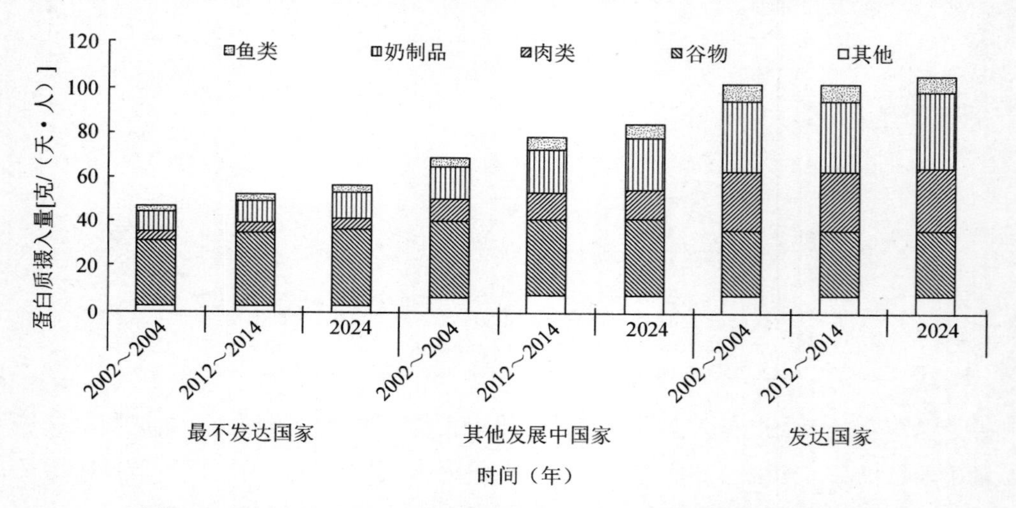

图 3-4　最不发达国家、其他发展中国家和发达国家人均蛋白质摄入量

注：“其他”包括禽蛋及根茎作物。本图不包括蔬菜、水果、豆类及其他食品。

资料来源：经合组织/粮农组织（2015 年），《经合组织-粮农组织农业展望》，经合组织农业统计数据（数据库），http://dx.doi.org/10.1787/agr-outl-data-en，http://dx.doi.org/10.1787/888933228762。

国际农业现阶段的供需特点如下：①过去 10 年，全球农产品产量以年均 2.2%的速度增长，主要得益于单产的提高；②尽管全球层面农产品需求强劲，但能否扩大产量仍取决于诸多因素，如农业土地的限制、环境关切和政策环境的变化；③饮食偏好正在发生变化，终将成为打破全球粮食生产格局的最重要驱动因素。

3.1.2　现代农业发展历程

在世界范围内，现代农业已有数百年的发展历史。20 世纪初，伴随工业革命的发展和科学技术的进步，一些新技术在农业生产中得到应用，逐步推动了现代农业的发展（李洁光等，2015）。

现代农业的 3 次跨越式发展如下。

1）工业革命后，农业机械化改变了国际农业的面貌

工业革命后，农业机械得到快速发展（表 3-5），带动了社会生产力的提高，受到各国的广泛重视。农业机械化推动了传统农业向现代农业转变。

表 3-5　美国、日本农业机械发展历程

国家	阶段	发展时期	发展历程	特点
美国	半机械化阶段	1850～1910 年	南北战争后，耕地面积扩大，出现畜力牵引的农具。截至 1910 年，畜力在农用动力中的比重为 75.7%	农业生产从手工阶段进入半机械化阶段
	机械化阶段	1910～1975 年	1910 年拖拉机的出现带动了美国农业的发展；1935 年电的出现，进一步带动了农业机械化演变；1955 年耕地实现了机械化，大功率型号的农业机械逐渐取代了老旧型号农业机械	从半机械化阶段逐步发展为机械化阶段
	智能化、自动化阶段	1975 年至今	农业机械逐渐出现了混合动力，节能环保的机械被逐步运用	智能化、自动化机械成为发展主流
日本	起步阶段	1947～1964 年	1955 年工业赶超了农业，农业人口大规模转移，农业机械化发展诉求增强；1956 年、1958 年先后通过《农业机械化促进法》和《机械工业振兴临时措施法》，从法律层面促进了农业机械化发展	农业生产机械化得到了发展
	发展阶段	1965～1974 年	经济的高速发展催化了农业机械的发展。1969 年制定了《农业机械安全装备基准》和《农作业安全基准》强化农业机械生产和使用的管理	农业机械发展迅速
	深入发展阶段	1975～1984 年	农业机械的发展逐步深化，电子机械和液压机械逐渐取代老式农业机械，生产力迅速提高	多动力体系等新式农业机械得到了应用
	多样化发展阶段	1985 年至今	日本农业生产实现了机械化，并且实现了水稻的全程机械化生产，无论是单位产量还是生产成本均居于世界前列	农业机械呈现多样化

资料来源：李乾杰，2013. 美国、日本农业机械发展的经验[J]. 世界农业，4：91-94。

2）1966～2005 年，高效率的作物研究投入产出、基础设施建设、市场开发以及相关政策支持相结合推动了全球第一次绿色革命（Green Revolution 1.0，GR 1.0）

GR 1.0 引发的作物基因改良每年使小麦、水稻、玉米、高粱和小米的生产力分别提高 1.0%、0.8%、0.7%、0.5%和 0.6%。现代品种在发展中国家的种植比例快速增加，到 1998 年种植面积达到总耕地面积的 63%。但是地区之间存在差异，当时亚洲的现代品种种植面积达到 82%，而非洲只有 27%。GR 1.0 带来的产量快速增长主要来自单产的显著增加。1960～2000 年，发展中国家的小麦、水稻、玉

米、马铃薯和木薯每公顷产量分别提高了 208%、109%、157%、78%和 36%。此外，农业全要素生产率（TFP）从 1970～1989 年的 0.87%提高到 1990～2006 年的 1.56%，增长了近一倍。在提高生产力方面，除通过遗传改良提高品种产量、缩短成熟期，还改进了其他投入，包括肥料、灌溉及农药，这些也是绿色革命的关键要素。与此同时，绿色革命技术的广泛应用使粮食供给功能发生了重要转变，促使食品价格下降。1960～1990 年，发展中国家的粮食供应增加了 12%～13%。据估计如果没有绿色革命技术的研发和推广，发展中国家的粮食生产可能会下降 20%，除非再增加 2000～2500 万 hm^2 的耕地，而且全球粮食和饲料价格将提高 35%～65%（Prabhu，2012）。

3）目前，第二次绿色革命（GR 2.0）已然开始，并且在低收入国家和新兴经济体发生

为了确保农业生产系统的竞争力和可持续性，GR 2.0 正密切关注以下内容：①提高主要粮食作物产量；②提高作物的耐胁迫性，包括气候和生物胁迫（病虫害）；③提高投入产出效率；④改进管理实践的技术（Prabhu，2012）。

经过数百年发展，现代农业取得了诸多成就：①粮食产量增收；②农业机械化水平大幅度提高；③农业科技取得突飞猛进的进展（柳忠田，2016）。但以获取高产为目标的现代农业也引发了一系列问题：①农业的比较收益低下，农民盲目地追求利润；②发展现代农业的主体——有知识、懂技术、会经营、善管理的现代新型农民缺位；③全球农业基础建设程度参差不齐，农业机械化、智能化水平有待进一步提高（袁杰等，2014）；④技术力量单薄，科技管理体制不健全，科技服务不到位，粮食稳产与增产难度不断加大；⑤化肥、农药等化学品的过量施用导致土壤盐碱化、水体富营养化、重金属污染等一系列环境问题（曹玉红等，2007；季凯文，2016）。农业生态环境日趋恶化，农业资源约束持续加大，危及农产品质量安全、生态环境安全和人体健康，而利益相关者绿色防治意识淡薄（柳忠田，2016）。

3.1.3 国际农业展望

到 2050 年，全球人口将增至 96 亿，随着居民饮食结构的优化升级，受农业比较收益低下、农民生产积极性低的影响（赵颖文等，2015），农作物单产的增加趋势将不能满足全球食物倍增的需求（Ray et al.，2013；朱希刚，1997）。届时，全球农业将面临严峻挑战，发展生物农业是国际社会需要优先采取的行动

之一。生物农业将生态环境保护理念纳入考虑，耕地稀缺或贫瘠国家试图使用科学管理方法，通过应用无土栽培等现代生物技术提高资源利用率和作物生产率，减少对土壤的依赖，实现农业的可持续发展。因此，生物农业是农业未来的发展方向。

3.2 国际生物农业发展经验

第二次世界大战结束后，国际有机农业开始萌芽并获得了发展。近年来，有机农业作为生物农业的重要表现形态，发展已较为成熟。

3.2.1 有机农业

1）国际有机农业发展现状

目前，世界有机农业发展迅速（表 3-6），日益增加的有机农产品刺激了有机消费。据有关机构的调研资料显示，尽管有机食品价格比同类食品高 50%～100%，但却赢得了消费者的青睐。例如，较之传统食品，日本 90%的消费者、美国 77%的消费者、英国 66%的消费者、德国 82%的消费者更愿意购买有机食品（IFOAM et al.，2011）。

表 3-6 截至 2012 年年底世界有机农业关键指标统计

指标	全球	领先国家（地区）	领先大洲
有机农业面积	2012 年：3750 万 hm^2 1999 年：1100 万 hm^2	澳大利亚（1200 万 hm^2，2009 年） 阿根廷（360 万 hm^2） 美国（220 万 hm^2，2011 年）	欧洲（1120 万 hm^2） 亚洲（320 万 hm^2） 大洋洲（1220 万 hm^2） 拉丁美洲（680 万 hm^2） 非洲（110 万 hm^2） 北美洲（300 万 hm^2）
有机农业占农业总面积的比重	2012 年：0.87%	马尔维纳斯群岛（36.3%） 列支敦士登（29.6%） 奥地利（19.7%）	大洋洲（2.9%） 欧洲（2.3%，其中欧盟为 5.6%）
非农业有机面积（主要是野生品的采收）	2012 年：3100 万 hm^2 2011 年：3250 万 hm^2 2010 年：4300 万 hm^2	芬兰（700 万 hm^2） 赞比亚（610 万 hm^2，2009 年） 印度（470 万 hm^2）	
有机农业生产者	2012 年：190 万人 2011 年：180 万人 2010 年：160 万人	印度（60 万人） 乌干达（19 万人） 墨西哥（17 万）	亚洲（占全球 36%） 非洲（占全球 30%） 欧洲（占全球 17%）
有机农产品市场规模	2012 年：638 亿美元（约 500 亿欧元） 1999 年：152 亿美元	美国（226 亿欧元） 德国（70 亿欧元） 法国（40 亿欧元）	

续表

指标	全球	领先国家	领先大洲
人均有机农产品消费	9.08 美元	瑞士（189.1 欧元） 丹麦（158.6 欧元） 卢森堡（143 欧元）	
截至 2012 年制定了有机农业法规的国家数量	88 个		

资料来源：The World of Organic Agriculture. Statistics and Emerging Trends，https://www.fibl.org/de/shop/artikel/c/international/p /1636-organic-world-2014.html。

有机认证认可制度是对有机产品的生产、加工、贸易、服务等各个环节进行规范约束的一整套管理系统和文件规定，包括政府管理机构、有关政策法规、有机产品认证机构及其认证标准等在内的自上而下的管理系统等（单吉堃，2004）。近年来，有赖于人们对绿色无污染有机农产品的青睐，有机农业已经得到了蓬勃发展。各国政府通过完善有机认证认可制度支持有机农业的发展。未来，有机农业将成为农业生产的主要模式。美国是最主要的有机产品进口国家和地区之一，制定了完整的有机农业标准及认证认可体系，因此，本小节将系统梳理美国、以色列在有机农业管理过程中的成熟经验，旨在为我国有机农业管理提供参考借鉴。

2）美国有机农业发展经验

（1）监督管理体系。

美国农业部农业市场服务司专门设置国家有机项目办公室（the National Organic Program，NOP），全面负责美国有机农业方面工作。NOP 负责 NOP 标准的制定、修订与发布，并培训 NOP 认证机构。美国的有机认证机构大致分为官方机构、私人机构及非营利机构 3 类。目前，超过 90 个有机认证机构已获得美国农业部的授权（焦翔，2009）。

（2）法律法规。

20 世纪 70 年代，美国 3 个州通过有机农业法，开启了美国的有机食品认证工作。1990 年和 2002 年，美国先后通过了《有机食品生产法案》和《美国有机农业条例》。之后通过不断修订法律、条例和 NOP 标准的方式，美国实现了“从农田到餐桌”的全程质量监控，“从农田到餐桌”的每个环节都有可追溯的详细记录，以备检查。

（3）认证操作程序。

美国有机食品认证遵循有机农业标准，着重审查生产过程中使用的材料和耕作方法，并且审查过程必须有详细的记录。认证操作程序包括提交申请认证、初审、现场检查、综合评审、颁证、年度检查 6 个步骤（陈君石，2002）。

3）以色列有机农业发展经验

以色列资源短缺，却是世界上最发达的有机农业国家之一。以色列有机农业生产始于 20 世纪 40 年代，70 年代出现转机，并被推广应用，到 80 年代，实现了有机农业产品的商业化运作（王岫芳，2006）。以色列有机农业生产在有机认证体系的严格规范下，注重利用天然肥料和农药，采用非化学措施，避免化学农药、转基因生物对环境的危害，规范生产程序，取得了显著成效（胡美华，2012）。

以色列有机农业的成功经验主要有以下几点。

（1）耕作和施肥。

为了改进有机农作物的生长，以色列的农民遵循有机农业生产规则，将有机生物试验田和其他试验田隔离，至少保持 30m 的距离，并与人工防护林至少保持 200m 的距离；采用肥水一体化微滴灌生产（胡美华，2012）；使用中耕机、圆盘耙、旋转耙和旋耕机实施土壤表层（深度不超过 10cm）耕作；仅将植物残体堆肥、农家有机复合肥作为肥料。至少经过 2 年的经营，才将生物有机产品的标签贴在产品上。

（2）杂草和病虫害的控制。

主要有以下措施：①覆盖地膜，利用太阳热能杀死大多数杂草；②通过捕食螨、苏云金杆菌杀死某些害虫；③使用激素诱杀雄性害虫或者破坏害虫两性间的社会交流行为；④增加覆盖防虫网阻止大多数害虫进入；⑤调整播种期、培育并使用抗性品种，研发并应用植物杀虫剂和驱虫剂等，使病虫害危害降到最低；⑥合理间种、套种、混种，控制病虫害；⑦定期更换生产材料，排除连作障碍；⑧采取药物控制技术，确保农产品符合有机农业标准（胡美华，2012）。

（3）有机农业标准与检验。

以色列《有机农业法》规定，以色列按照国际原则和标准进行有机农业生产。尽管以色列没有制定本国的有机农业标准，但制定了灵活的有机农产品出口国标准，遵循出口国标准生产有机农产品。有机农产品的检验、监管由以色列农业和乡村发展部植物保护和检验局负责。当地有机农产品市场的检查等日常工作由以色列民间机构——有机农业检查机构（AGRIOR）负责。负责有机农业知识培训、开展实地考察、服务推广及市场开发的机构是国内生物有机农业协会（I-BOAA）。

所有以色列有机农业生产者都是 I-BOAA 的会员。政府统一监督和协会分头管理，保证了以色列有机农业认证、生产的有序进行（胡美华，2012）。

3.2.2 场地管理

场地是一定范围内的土壤、地下水、地表水、大气和生物的总和，是生物农业等各行各业健康发展的前提条件。场地污染是环境问题，也是发展问题，是关乎世界人民福祉的关键。20 世纪 50 年代日本的水俣病和痛痛病事件；20 世纪 70 年代末美国的时代海滩事件、拉夫运河事件和伊丽莎白危废化学品场地重大火灾事件；1980 年荷兰南部 Lekkerkerk 市居住区严重的大面积污染事件；1981 年中国台湾省桃园县的镉米事件等，引起了社会的普遍关注，使相应国家和地区政府充分认识到不恰当的工业、农业等人类活动造成的场地污染问题的严重性，进而正视并着手解决场地污染问题。长期以来，随着我国经济的高速发展，由于我国经济发展方式粗放，产业结构和布局不合理，污染物排放总量居高不下，部分地区场地污染严重，对人体健康构成了严重威胁。2000 年以来，我国“儿童血铅超标”“镉大米”“癌症村”“兰州自来水苯含量严重超标”等环境事故也引发了相关部门和公众对场地污染问题的进一步关注。目前，我国政府已将污染场地管理纳入国家环境管理体系。

污染场地管理的复杂性在于利益相关方众多，跨越时间尺度大，难以认定责任归属，而责任认定不清将严重阻碍场地保护以及污染场地的修复进程（骆永明，2011）。我国污染场地管理事业刚刚起步，在污染场地责任认定法方面存在着一些问题，而国际上，美、日、英等国关于污染场地修复法律责任认定的成熟经验值得我国学习借鉴。因此，本研究针对我国污染场地修复法律责任认定存在的问题，系统地梳理了美国和日本关于污染场地修复法律责任认定的成熟经验，旨在为我国场地保护和污染场地修复提供借鉴。

1）国际污染场地修复责任认定

在土壤、水、大气和生物等资源保护方面，很多国家制定了具有历史追溯力的法律，法律条款细致，执行严厉，对污染者处罚力度大；大多遵循“污染者付费原则”，修复成本高时，可直接导致相关污染企业破产，具有极强的震慑力。其中，美国和日本关于污染场地修复法律责任认定的成熟经验值得我国学习借鉴。

（1）美国。

1980 年美国颁布了《综合环境反应、赔偿与责任法案》（Comprehensive

Environmental Response，Compensation and Liability Act，CERCLA），通常被称为《超级基金法》，该法旨在确定“历史遗留”污染场地的“潜在责任方”，按照“污染者付费原则”针对责任方建立了“严格、连带和具有追溯力”的法律责任，通过法律诉讼程序迫使责任方承担污染场地修复的费用，减轻污染场地对公众健康和环境产生的威胁和危害。超级基金主要来源于对石油和 42 种化工原料征收的专税。《超级基金法》是美国最为全面的规范污染场地修复的法律，其发展历程如图 3-5 所示，为其他国家提供了重要参考。

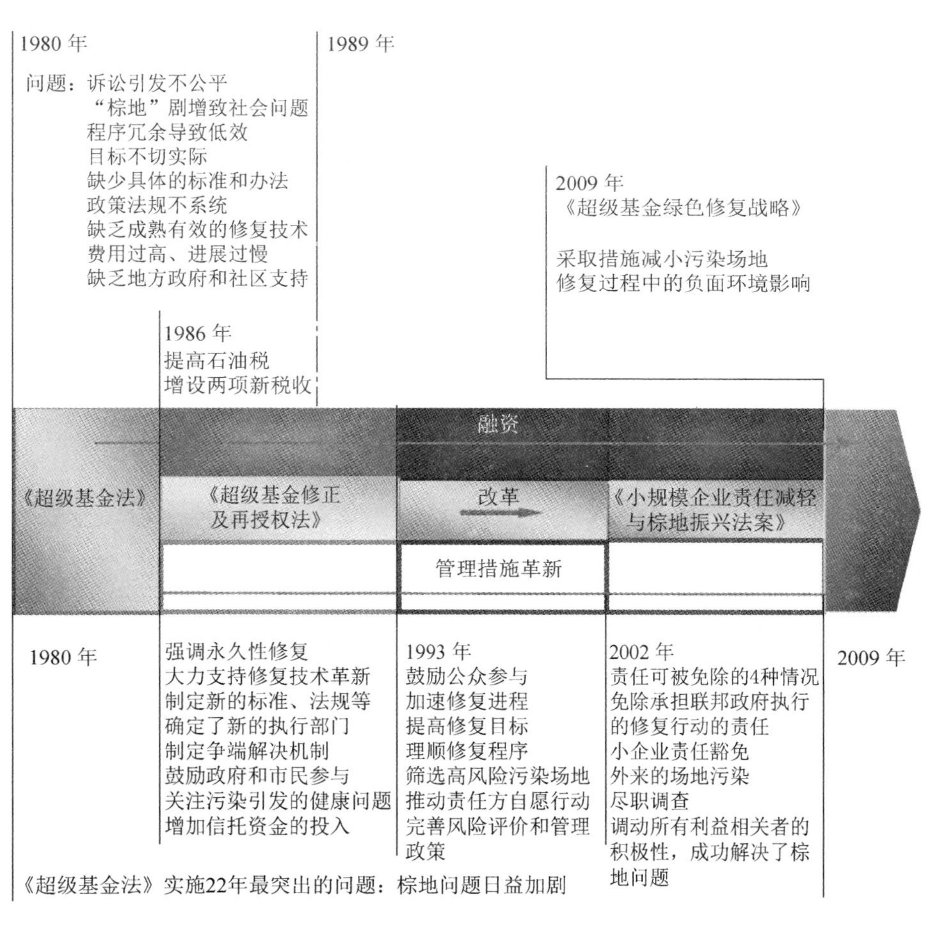

图 3-5　美国《超级基金法》发展历程

美国《国家优先控制场地名录》上 70%的污染场地修复由潜在责任方负责开展，其余的 30%由超级基金资助。根据《超级基金法》，“潜在责任方”支付全部的修复费用。

污染场地潜在责任方的责任划分和费用分摊通过法律诉讼实现，因此，《超级基金法》引发了大量诉讼，导致大量的污染场地闲置和荒废（刘乙敏，2013）。针对《超级基金法》在执行过程中出现的问题，2002 年，美国颁布了《小规模企业责任减轻与棕地振兴法案》（简称《棕地法案》）。该法案提出以下 4 种修复责任可被豁免的情况：①责任方可自行选择在州政府或者联邦政府修复体制下承担修复责任，小企业责任豁免；②小企业责任豁免责任方在州政府的自愿修复体制下实施修复行动后，可免除承担联邦政府修复体制下的修复责任；③因其他场地的污染迁移所致的，潜在责任方可免除修复责任；④不知情的购买者可通过尽职调查避免承担法律责任。《棕地法案》在明确污染者的环境责任、预防新污染的同时，在"污染者付费原则"和执行效率之间找到了一个平衡点，实现了有效管理（United States Environmental Protection Agency，2002）。

当责任主体不明，或者污染修复需要迅速行动，抑或责任方无力或拒绝承担治理、赔偿费用时，美国环境保护署将通过启动超级基金对污染场地的环境危害做出紧急反应，以减轻损害，然后再通过诉讼向责任方追索资金（Johansson et al.，2011）。

（2）日本。

日本土壤污染修复法律责任认定可分为两部分，农用土壤污染修复法律责任认定的依据《农用地土壤污染防治法》，和城市的依据《土壤污染对策法》。

《农用地土壤污染防治法》遵循政府负责制。《土壤污染对策法》遵循土地所有者付费原则，将污染土地关系人认定为污染修复的第一责任主体，若污染土地关系人不是造成场地污染的污染者，其有权向污染者索取污染修复费用（张华等，2008）。污染人只有同时满足"有清洁义务、是导致污染的直接责任人、令其清洁土壤是合理的、土壤所有人同意由其进行清理"等条件下才有义务进行土壤修复。《土壤污染对策法》的特点是便于政府管理，有利于污染治理的实施。

另外，日本还制定了严苛的农田土壤环境质量标准（表 3-7 和表 3-8）（陈平，2014），以保证食品安全和人体健康。

表 3-7　日本农田土壤环境质量标准限值

环境媒介	项目	标准值（mg/kg）
农田（旱田）	铜（Cu）	≤125
	镉（Cd，注：大米中的含量）	≤0.4
	砷（As）	≤15

表 3-8　日本土壤环境质量标准

污染物分类	项目	标准限值	
		溶出标准（试样溶液含量，mg/L）	土壤中含量（mg/kg）
第 1 种特定有害物质（VOC）11 项	四氯化碳	≤0. 002	/
	1，1-二氯乙烯	≤0. 1	/
	1，2-二氯乙烷	≤0. 004	/
	顺式-1，2-二氯乙烯	≤0. 04	/
	二氯甲烷	≤0. 02	/
	1，3-二氯丙烯	≤0. 002	/
	四氯乙烯	0. 01	/
	1，1，2-三氯乙烷	≤0. 006	/
	1，1，1-三氯乙烷	≤1	/
	苯	≤0. 01	/
	三氯乙烯	≤0. 03	/
第 2 种特定有害物质（重金属等）9 项	六价铬及其化合物	≤0. 05	≤250
	镉及其化合物	≤0. 01	≤150
	砷及其化合物	≤0. 01	≤150
	硼及其化合物	≤1	≤4000
	汞及其化合物	≤ 0. 0005 （其中，烷基汞不得检出）	≤15
	氟及其化合物	≤0. 8	≤4000
	硒及其化合物	≤0. 01	≤150
	氰化合物	不得检出	游离态氰≤50
	铅及其化合物	≤0. 01	≤150
第 3 种特定有害物质（农药+PCB）5 项	西玛嗪	≤0. 003	/
	有机磷农药（对硫磷、甲基对硫磷、甲基1059、EPN）	不得检出	/
	秋兰姆	≤0. 006	/
	PCB	不得检出	/
	杀草丹	≤0. 02	/

资料来源：土壌の汚染に係る環境基準について. 平成 3 年 8 月 23 日環境庁告示第 46 号. http://www. env. go. jp/kijun/dojou. html。

2）国际污染场地责任认定的特点

实行分层级的责任认定方式。对于利益相关方，国际上的污染责任认定方式主要有以下 3 种：①一级责任认定机制：为了方便管理并促进污染修复的实施，认定土地关系人为实施污染修复的第一责任人，若土地关系人不是造成场地污染的污染者，则其有权通过法律程序向污染者索取污染治理费用；②二级责任认定机制：首先是污染者，其次是土地关系人；③三级责任认定机制：首先是污染者，其次是土地关系人，而当责任主体不明或者责任方无力承担责任时，政府代为承担修复责任。

3.2.3　绿色防控体系

绿色防控是实现化肥农药零增长、推动农业绿色发展的重要途径。近年来，我国绿色防控体系建设在摸索中前进，取得一定成绩的同时也发生了一些绿色防控体系失控的典型案例，对我国农业生产造成了一定负面影响。本小节通过梳理国际绿色防控、农药和肥料管理经验，为我国农药和肥料管理提出一些建议。

1）农药残留防控

在减少农药残留方面，日本的以下经验值得我们借鉴：①通过“果蔬实名制”，严格监管进入市场的农产品；②严格细致地规定农药的残留标准等相关法律法规，研发了大量适用性强的绿防技术和实行农产品分级认证；③政府对农业的财政扶持力度很大。例如，1985 年，日本的农业预算是美国的 9 倍；2000 年，日本政府对农业的补贴率高达 70%。此外，日本政府十分重视生物农药的推广。日本主要通过激励农业科技创新与研发、加大对高毒高残留农药的淘汰力度和保障农民利益 3 种措施强化生物农药的推广应用。

2）生物肥料管理

Markets and Markets 咨询公司统计数据表明，在全球生物肥料市场格局中，中国生物肥料生产企业还未能崭露头角（江洪波等，2015）。1950 年 5 月 1 日，日本颁布肥料管理法，其肥料管理历史较长，在管理过程中积累了丰富经验。因此，梳理借鉴日本在肥料安全管理过程中的成熟经验，将为我国生物肥料管理提供参考借鉴。

1950 年 5 月 1 日日本颁布的肥料管理法律，由肥料产品登记、特种肥料/常规肥料及官方标准、生产企业监督和质保标签 4 部分组成。肥料登记程序规定，研发新肥料的企业需向独立行政法人农林水产消费安全技术厅（FAMIC）申请登记，FAMIC 负责调查并完成新肥料调查报告，并将调查结果递交至日本农林水产省，最终由日本农林水产省颁发登记证。各种肥料的有害成分的上限和最低养分含量必须遵循官方肥料标准。对于以已登记的肥料作为生产原料生产复混肥料的企业，必须向日本农林水产省或地方政府通报原料肥料的品牌。肥料管理法律要求肥料生产商在肥料袋上贴上质保标签。日本农林水产省大臣和地方行政长官委托 FAMIC 监督企业的肥料生产过程是否符合规范，若发现违反法律的肥料企业，FAMIC 将禁止其生产和转让，甚至可以取消其登记证。

3.3　国际生物农业发展对我国的启示

农业发展具有阶段性的特点，我国现阶段农业正处于向生物农业转型的关键时期，表现出一些问题。因此，本节基于我国农业现阶段的问题分析，通过对国际生物农业管理体系的梳理，为我国生物农业发展提供参考借鉴。

对有机农业，一方面，我国有机农业发展存在以下几个方面不足：

（1）认证机构方面：①有机认证机构受制于政府行为；②一些认证机构的认证人员不具备结构化的专业知识（单吉堃，2008；郝建强，2006）。

（2）标准方面：①有机产品标准得不到严格执行，监管力度不够（孟凡乔等，2002；王宏燕，2003）；②法律法规不够完善（郝建强，2006）。

（3）耕作方面：尚未形成坚定的农业可持续发展理念，绿色耕作技术体系尚未构建完善。

（4）其他：①消费者对有机农产品缺乏信任（单吉堃，2008）；②有机产品生产者的利益得不到保护（单吉堃，2003）。

另一方面，我国国土面积辽阔，耕地区域差异性较大（卢普滨等，2004；单杨等，2006；徐文燕，2004），具有发展生物农业的良好物质基础。

因此，借鉴美国和以色列有机农业管理经验，期望我国将以下几方面的建议纳入考虑，以完善我国的有机农业管理机制，推动我国有机农业的健康发展：①建议将地区气候、资源禀赋等因素纳入考虑，基于全国标准，制定适宜地方有机农业发展的地方标准；②完善我国有机农业法律机制，实行从“农田到餐桌”的全程质量监控，并构建可追溯的生产档案，以备检查；③加大对违法生产者的处罚力度（李秋洪等，2002；杨朝晖等，2007）；④加强对环保型农业标准和认证制度的研究，使我国的环保型农产品认证标准和认证制度与国际接轨，促进我国农业的可持续发展；⑤出台政策鼓励有机农业发展，保护从事有机农业生产农民的切身利益；⑥用等效性和互认作为解决有机领域的贸易壁垒问题；⑦学习并引进国际有机农业的先进耕作技术，提高有机农产品的质量和产量。

对于污染场地修复责任认定，依据《中华人民共和国侵权责任法》，认定污染环境的污染者承担侵权责任。此规定较笼统，缺乏可操作性的细则和具有威慑力的责任追究条款（Rodrigues et al.，2009）。部分单行法和地方法规中具有污染场地修复责任认定的细则，但尚未形成正式、统一的法律体系（马妍等，2015）。我国污染场地修复责任认定相关的法律体系尚未形成导致的主要问题如下：①针对“历史污染”，国家层面修复责任的认定难度较大；②目前遵循的“污染者付费”原则导致法律的执行效率较低；③针对多方排污的公共污染场地（如垃圾填埋厂和露天公共倾倒场地），国家法律未对污染修复责任人做出明确规定；④未将责任人的修复能力考虑在内提出可被豁免的情况，阻碍了污染场地的修复进程。而国际上，美国、日本、英国等国关于污染场地修复法律责任认定的成熟经验值得我国学习借鉴。通过对美国、英国和德国 3 国污染场地融资机制的系统梳理，建议出台国家层面的《污染场地管理法》，并从以下几方面对我国污染场地修复责任做出详尽、统一的规定：①设定时间界限，将污染场地划分为历史污染场地和新污染场地。从时间尺度看，我国企业都经历了所有制重组、所有权变更，并且改制和所有权变更过程中鲜有进行场地环境评价，这加大了历史遗留污染场地责任认定的难度。建议我国制定具有历史追溯力的法律，设定历史污染和新污染时间界限，将“历史污染”与“新污染”区别对待，以避免大量诉讼的发生。②建议我国污染场地管理相关法律主要遵循“土地关系人付费”原则，采用二级责任认定机制。场地关系人对场地负有无过失责任和溯及责任，污染场地管理相关法律主要遵循“土地关系人付费”的原则，可以减少国家在责任认定过程的管理费用，提高法律执行效率。③针对多方排污的公共污染场地（如垃圾填埋厂和露天公共倾倒场地），明确规定修复责任人。建议采用二级责任认定机制。首先，认定一定规模（以上）的排污企业为修复责任的履行者，多个责任方之间可按照排放污染物的数量及其危害程度进行责任划分；其次，若排污企业均小于限定规模，或排污企业均已宣告破产，或者国有企业本身是场地污染的唯一责任人时，认定国家为污染责任的履行者。④将责任人的修复能力等因素考虑在内，提出修复责任可被豁免的情况，推动污染场地的修复进程。

对生物农药，一方面，我国与日本、以色列相比尚存在一定差距：①生产企业规模小而分散，企业创新能力不足；②生物农药产品种类发展不平衡；③许多研究开发与生产脱节；④生物农药的登记制度不够完善。另一方面，我国幅员辽阔，生物农药资源丰富，为全面拓展生物农药产品的种类提供了优良的先决条件。通过对日本、以色列生物农药管理经验的梳理，发现我国可借鉴的经验如下：①完善农药安全管理法律法规体系，上下互补；②构建完善的程序体系；③配套建设健全的监督体系，制定严格的市场准入制度；④明确各级管理执行体系的权责；⑤构建完备的服务体系；⑥学习并引进国际农业害虫防治技术。

在生物肥料方面，我国肥料管理制度已初具雏形，在提高肥料质量、保障肥料供应、维护肥料价格相对稳定等方面发挥了重要的作用。同时，也暴露出以下几方面问题（王雁峰等，2011；张红宇等，2003；毛达如，2003）：①尚未制定专门的肥料管理法；②肥料管理的内容不够全面，肥料管理制度还未对肥料使用做出专门性的规定；③肥料市场管理比较混乱，肥料管理职能部门权责交叉；④肥料管理政策以《肥料登记管理办法》为主，法律效力较低，对不法行为处罚力度不够，不足以威慑犯罪分子；⑤缺乏与国际接轨的肥料法律及标准。日本1950年5月1日颁布的肥料管理法律，对我国的启示如下：①制定完善的肥料管理法律和制度；②构建严格的监管和惩罚制度，明确各职能部门在肥料管理中的权责，采取严格的惩罚措施；③理顺肥料登记管理程序，重视质量承诺和环境保护；④构建良好的肥料生产、经营秩序，提高农民收入；⑤肥料立法需做好与国内其他法律衔接，以实现肥料法律的可操作性。

参考文献

曹玉红，曹卫东，丁健，2007．快速工业化中耕地变化与保护[J]．中国农学通报，6：529-535．

陈平，2014．日本土壤环境质量标准体系现状及启示[J]．环境与可持续发展，6：154-159．

陈君石，2002．国外食品安全状况对我国的启示[J]．中国卫生法制，10(1)：37．

郝建强，2006．中国有机食品发展现状、问题及对策分析[J]．世界农业，7：1-4．

胡美华，2012．以色列有机农业发展概况及启示[J]．世界农业，4：56-58．

季凯文，2016．国外生物农业发展动态及其对我国的启示[J]．江西科学，34(2)：257-261．

江洪波，赵晓勤，毛开云，2015．我国生物农业发展态势分析[J]．生物产业技术，6：85-95．

焦翔，穆建华，刘强，2009．美国有机农业发展现状及启示[J]．农业质量标准，3：48-50．

李洁光，李贤，2015．论我国现代农业发展战略规划[J]．中国种业，6：24-25．

李秋洪，袁泳，2002．绿色食品产业与技术[M]．北京：中国农业科学技术出版社．

李贤宾，段丽芳，柯昌杰，等，2013．2013年国际食品法典农药残留限量标准最新进展[J]．农药科学与管理，3(12)：31-37．

刘乙敏，李义纯，肖荣波，2013．西方国家工业污染场地管理经验及其对中国的借鉴[J]．生态环境学报，22(8)：1438-1443．

柳忠田，2016．发展现代农业面临的问题及路径思考[J]．行政与法，1：45-51．

卢普滨，戴廷灿，2004．浅析绿色食品标准存在的不足及完善建议[J]．江西农业学报，16(4)：53-56．

骆永明，2011．中国污染场地修复的研究进展、问题与展望[J]．环境监测管理与技术，3：1-6．

马妍，董战峰，杜晓明，等，2015．构建我国土壤污染修复治理长效机制的思考与建议[J]．环境保护，12：53-56．

毛达如，2003．市场期待肥料立法[J]．农资快讯，333(20)：21．

孟凡乔，吴文良，2002．国内外有机农产品生产、贸易及标准管理体系[J]．中国生态农业学报，10(2)：4-6．

单吉堃，2003．从有机认证制度看中国有机农业发展[D]．北京：中国社会科学院研究生院．

单吉堃，2008．有机农业发展的制度分析[M]．北京：中国农业大学出版社．

单吉堃，2004．认证制度的建构与有机农业发展[J]．学习与探索，4：81-86．

单杨，张群，吴越辉，2006．我国绿色食品标准存在的问题及建议[J]．现代食品科技，23(1)：79-82．

王宏燕，2003．全球有机农业发展现状和我国有机农业发展对策[J]．农业系统科学与综合研究，19(3)：223-229．

王岫芳，2006．以色列生物有机农业的规划与管理[J]．黑龙江农业科学，2：26-27．

王雁峰，张卫峰，张福锁，2011．中国肥料管理制度的现状及展望[J]．现代化工，31(3)：6-13．

徐文燕，2004．我国绿色食品的质量标准体系及质量认证问题分析[J]．商业经济，2：93-95．

杨朝晖，赵欣，2007．绿色食品监管现状、问题和对策[J]．中国食物与营养，8：62-64．

袁杰，肖迪，2014．我国发展现代农业面临的问题及对策[J]．北京农业，24：9201-9202．

张红宇，金继运，2003．中国肥料产业研究报告[M]．北京：中国财政经济出版社．

张华，郭鹏，王丽琴，2008．“棕地”现象及其治理对策[J]．环境保护，34(4)：48-50．

赵颖文，吕火明，2015．粮食“十连增”背后的思考：现代农业发展中面临的挑战与路径选择[J]．农业现代化研究，36(4)：561-567．

朱希刚，1997．跨世纪的探索：中国粮食问题研究[M]．北京：中国农业出版社．

Global Harvest, 2014. 2013 GAP Report: Sustainable Pathway to Sufficient Nutritious and Affordable Food[EB/OL]. http://globalharvestinitiative.org/GAP/ 2013_GAP_Report_BOOK_ONLINE.pdf.

IFOAM, FiB L, ITC, 2011. The World of Organic Agriculture Statistics and Emerging Trends 2009[EB/OL]. http://orgprints.org/18380/16/willer-kilcher-2009.pdf.

Johansson M V, Forslund J, Johansson P, et al., 2011. Can we buy time? Evaluation of the Swedish government's grant to remediation of contaminated sites[J]. Journal of Environmental Management, 92(4): 1303-1313.

OECD/FAO, 2015. OECD-FAO Agricultural Outlook 2015-2024[R]. Beijing: The Chinese Academy of Agricultural Sciences.

Prabhu L P, 2012. Green Revolution: Impacts, limits and the path ahead[J]. PNAS, 109(31): 12302-12308.

Ray D K, Mueller N D, West P C, et al., 2013. Yield Trends Are Insufficient to Double Global Crop Production by 2050[J]. PLoS ONE, 8(6): e66428.

Rodrigues S M, Pereira M E, da Silva E F, et al., 2009. A Review of Regulatory Decisions for Environmental Protection: Part I-Challenges in the Implementation of National Soil Policies[J]. Environment International, 35(1): 202-213.

United States Environmental Protection Agency, 2002. Small Business Liability Relief and Brownfields Revitalization Act [EB/OL]. https: //www.gpo.gov/fdsys/pkg/PLAW-107publ118/html/PLAW-107publ118.htm.

第 4 章　中国生物农业发展现状与问题

改革开放 30 多年以来，特别是进入 21 世纪以来，我国农业生产持续高速增长，现代农业发展水平逐步提高。然而，与发达国家相比，我国现代农业整体发展水平仍处于起步阶段，农业现代化成为我国现代化的一块短板。我国在工业化、城镇化深入发展中同步推进农业现代化，农业现代化也是薄弱环节。完成农业现代化，面临着如何稳定和完善农村基本经营制度、如何完善农村土地制度、如何加快推进农业科技创新、如何培养新型农民，以及如何加强农业生态环境保护与修复等问题。

我国生物农业，包括生态农业、绿色农业、农业生物技术产业等，作为农业现代化发展的重要发展方向，在近年来开始逐步兴起，并已经形成相当规模的产业。但与发达国家及我国现代农业发展的要求相比，我国生物农业在发展规模、技术水平方面仍处于初级阶段，农业生态化、绿色化发展仍然任重道远。

4.1　中国农业发展成就与不足

4.1.1　发展成就

改革开放以来，我国党和政府高度重视农业农村发展工作。中共中央、国务院在 1982～1986 年连续 5 年发布以农业、农村和农民为主题的中央一号文件，对农村改革和农业发展做出具体部署。2004～2017 年又连续 14 年发布以“三农”(农业、农村、农民）为主题的中央一号文件，强调“三农”问题在我国社会主义现代化时期“重中之重”的地位。

在中央一系列强农惠农富农政策措施指导与支持下，“十二五”以来特别是党的十八大以来，我国在工业化、信息化、城镇化发展进程中同步推进农业现代化，开创了农业生产连年丰收、农民生活显著改善、农村社会和谐稳定的新局面。

农业总产值和增加值不断增加。2015 年中国农林牧渔业总产值达到 107056 亿元，增加值达到 62704 亿元，农林牧渔业增加值占 GDP 比例为 9.1%（图 4-1）

（统计局，2016）。2015 年我国农民人均纯收入突破万元大关，城乡居民收入比下降到 2.9∶1 以下。

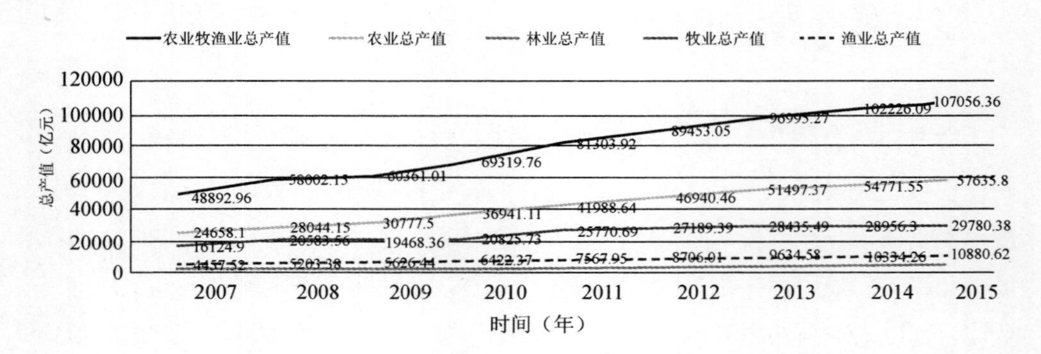

图 4-1　2007～2015 年中国农林牧渔业总产值

粮食生产水平跃上新台阶。2004 年以来，我国粮食实现“十二连增”，2013 年粮食产量历史上首次突破 6000 亿 kg，2014 年和 2015 年粮食产量屡创新高，分别达到 6070.5 亿 kg 和 6214.5 亿 kg，标志着我国粮食生产水平稳步跨上 6000 亿 kg 新台阶，粮食综合生产能力实现质的飞跃。2015 年稻谷产量为 2082.5 亿 kg，小麦产量为 1302 亿 kg，玉米产量为 2246 亿 kg，均较往年有所增产。2015 年人均粮食占有量达到 453kg，比世界平均水平高 53kg。稻谷、小麦、玉米等主要粮食作物的自给率超过了 98%，依靠国内生产确保国家粮食安全的能力显著增强。

主要经济作物区域布局进一步优化，向优势产区聚集的趋势增强。棉花生产向新疆产区聚集，2015 年新疆棉花产量为 350 万 t，占全国棉花产量的比重为 62.5%。糖料生产向内蒙古、广东、广西、海南和云南等省（自治区、直辖市）集中，2015 年内蒙古、广东、广西、海南和云南糖料产量合计为 11409 万 t，占全国糖料产量的比重达到 91.1%。

农业现代化建设取得显著成效。一是农田有效灌溉面积占比超过 52%，全国一半以上的农田可以实现旱涝保收，农业靠天吃饭的局面正在逐步改变。二是农业科技进步贡献率达到 56%，标志着我国农业发展已从过去主要依靠增加资源要素投入进入主要依靠科技进步的新时期。三是农作物良种覆盖率稳定在 96%以上，标志着我国农业生产用种已全部实现了更新换代。四是主要农作物耕种收综合机械化水平超过 61%，标志着我国农业生产方式已由千百年来以人畜力为主转入到以机械作业为主的新阶段。五是主要农产品加工转化率超过 60%，我国已经从卖

“原字号”农产品进入到了卖制成品的新阶段（韩长赋，2015）。2014 年，我国农产品加工业总产值超过 23 万亿元，与农业总产值比值达到 2.2∶1。

农村土地及生产经营制度改革取得积极进展，新型农业生产经营主体快速涌现，适度规模化经营稳步发展。农村土地产权关系进一步明晰，土地承包经营权确权登记颁证、土地有序流转制度改革深入推进，土地流转加快。截至 2014 年底，全国农村承包地流转面积超过 4 亿亩，流转面积占比超过 30%，推动了农业规模化经营快速发展。目前，蔬菜、花卉、瓜果种植、畜禽水产养殖和特色种养等产品的生产逐渐向规模化、专业化农户聚集，生产规模化程度提高。种养大户、家庭农场、农民合作社、农业企业等新型经营主体，逐步成为现代农业建设的生力军。越来越多的农民工、大中专毕业生和退伍军人开始返乡从事农业创业，并将各种文化创意引入到农业生产中，促使新型职业农民不断涌现，给古老的农业产业注入崭新的生机和活力。

农业资源利用、生态保护和新农村建设逐步推进。农田灌溉水有效利用系数由 2002 年的 0.44 提高到 2013 年的 0.52，粮食亩产由 2002 年的 293kg 提高到 2014 年的 359kg。启动实施水土保持、退耕还林还草、退牧还草、防沙治沙、石漠化治理、草原生态保护补助奖励等一批重大工程和补助政策，加强农田、森林、草原、海洋生态系统保护与建设，强化外来物种入侵预防控制，全国农业生态恶化趋势初步得到遏制，局部地区出现好转。2013 年全国森林覆盖率达到 21.6%，全国草原综合植被盖度达 54.2%（农业部等，2015）。积极推进农村危房改造、游牧民定居、农村环境连片整治、标准化规模养殖、秸秆综合利用、农村沼气和农村饮水安全工程建设，加强生态村镇、美丽乡村创建和农村传统文化保护，发展休闲农业，农村人居环境逐步得到改善。休闲农业与乡村旅游蓬勃发展，全国出现了一批路畅灯明、水清塘净、村容整洁的新农村。

4.1.2　存在问题

我国农业农村经济在获得较快发展的同时，也存在着农业现代化水平整体较低的诸多问题与困境（韩俊，2012；刘奇，2015）。主要包括农业产业结构层次不高、农业人均创造价值过低、农业生产机械化程度不足、农业生态环境污染严重等。当前，在工业化、城镇化深入发展中同步推进农业现代化，薄弱环节也是农业现代化，农业现代化已成为我国现代化的一块短板（何传启，2012）。

农业产业结构过于单一。农业生产以粮食生产为主，耕地侵占草地，致使草地农业逐步退化，不能满足人们的食物消费结构升级的要求。农产品深加工处于初级阶段，全产业链竞争能力不足。

单位劳动力的农业增加值过低。我国乡村地区农业人口数量巨大，而人均耕地占有面积很少。单位劳动力的农业增加值远低于城镇人口和发达国家农业人口。这种状况造成农民收入普遍低于国家平均收入水平，农业农村发展对劳动力的吸引力有限。农业农村人才流失严重，进一步制约了现代农业发展。世界部分国家农业发展情况如表 4-1 所示。

表 4-1 部分国家农业发展情况

国家	人均耕地面积（hm^2）2013 年	农村人口比例（%）2014 年	可耕地化肥消耗量（kg/hm^2）2011～2013 年	耕地拥有的拖拉机数量（台/$100km^2$）2009 年	谷物产量（kg/hm^2）2014 年	单位劳动力的农业增加值（美元）2014 年
澳大利亚	2	11	50.9	66（2006 年）	2137	58154
加拿大	1.31	18	88.3	162.5	3670	78278
美国	0.48	19	131.9	271.2	7637	78224
丹麦	0.43	12	114.4	486.3	6605	57032
法国	0.28	21	140.6	635.3	5829	94952
德国	0.14	25	203.5	838.3	8050	42823
英国	0.1	18	246.6	820（2006 年）	7707	41603
中国	0.08	45	364.4	81.8	5886	1397
荷兰	0.06	10	231.1	1301.50	9074	76674
日本	0.03	7	256.7	4532.10	6080	60937
韩国	0.03	18	361.3	1115.40	6619	25311

数据来源：World Development Indicators, 2015. International Bank for Reconstruction and Development/The World Bank；FAO Statistical Yearbooks - World food and agriculture 2009。

专栏 4-1 中国耕地污染退化问题突出，退化面积已超过 40%（曾衍德，2014）

2014 年 12 月 5 日，国务院新闻办举行发布会，介绍 2014 年中国粮食生产形势等情况。针对耕地污染及退化严重的问题，农业部种植业管理司司长曾衍德表示，中央对耕地的保护非常重视，既要保耕地数量红线，也要保耕地质量红线。

曾衍德表示，随着工业化、城镇化快速推进，农业资源的高强度利用，耕地污染带来的环境问题比较突出，归纳起来有“三大”“三低”。

“三大”：一是中低产田比例较大。中低产田占耕地总面积的 70%。二是耕地质量退化面积较大。退化面积占耕地总面积的40%以上。三是污染耕地面积较大。全国耕地土壤点位超标率达到 19.4%，南方地表水富营养化和北方地下水硝酸盐污染，西北等地农膜残留较多。

“三低”：一是有机质含量低。全国耕地土壤有机质含量为2.08%，比20世纪90年代初低0.07个百分点。二是补充耕地等级低。大体上，每年占补平衡耕地超过500万亩，相差2~3个地力等级。三是基础地力低。基础地力贡献率为50%左右，比发达国家低20~30个百分点。

这些问题已经引起农业部门的高度重视，正在采取一系列措施解决。农业部将按照中央的要求，全力加强耕地质量保护与提升。提高田间设施水平，主要是建设高标准农田。提高耕地基础地力，力争到2020年耕地地力提升0.5个等级，土壤有机质含量提高0.5个百分点。改善耕地质量，畜禽粪便有机肥资源利用率达到60%，秸秆资源化利用率、残膜回收率基本达到80%以上。耕地酸化、盐渍化、重金属污染问题得到有效控制。

农业科学化机械化程度不足。在品种选育、作物栽培、机械化水平等方面与日本、韩国、美国存在明显差距。发达国家掌控转基因、农机制造等先进技术，极大提高了农业生产效率和效益。而我国育种技术水平相对落后，大量作物种子需要进口。农业装备技术和制造水平与发达国家还有很大差距，农业机械化比例和水平仍然有待提高。

农业资源约束及生态环境污染严重。改革开放以来，我国耕地面积减少了3亿多亩，而粮食产量增加了3亿t。工农业生产中化肥、农药、能源等工业品投入过多而有效利用率不高，造成农业水体、土壤、空气环境污染，农业生态环境恶化，民众食品卫生与健康安全受到严重影响。

4.2　中国生物农业现状与问题

随着生态农业、有机农业等新型农业形态和现代农业生物技术的不断进步，我国生物农业产业近年来呈现出快速发展势头，成为引领现代农业发展的战略新兴产业。2007年我国发布《生物产业发展“十一五”规划》，首次提出按照产业化、集聚化、国际化发展的要求，加快发展生物医药、生物农业、生物能源、生物制造、生物环保等行业。其中，生物农业主要产业领域包括农业良种、林业新品种、绿色农用生物产品、海洋生物资源开发等方面。如今，我国在生态农业、绿色与有机农业、农业生物技术产业、农产品深加工等领域，已经形成相当规模的产业。但与发达国家及我国现代农业发展的要求相比，我国生物农业在发展规模、技术水平方面仍处于初级阶段，农业生态化、绿色化、科学化发展仍然任重道远。

4.2.1 生态农业

我国生态农业建设有着丰厚的传统农业精华和经验。五千年传统农业始终秉承协调和谐的三才观、趋时避害的农时观、辨土施肥的地力观、御欲尚俭的节约观、变废为宝的循环观，稻田系统、桑基鱼塘、轮作互补、庭院经济等传统的生态循环模式，更是我国历经千载而“地力常壮”的主要原因。20 世纪 80 年代以来我国开始推动发展的生态农业，是在传统农业向现代农业转型的关键时期，为应对高投资、高能耗的“石油农业”带来的土壤退化、生物多样性破坏、环境污染问题，而推出的重大农业发展战略。其内容包括极端环境土地生态恢复、盐碱地的改造、小流域治理、沙化的治理、城镇化建设过程中土地污染的治理等。

30 多年来，我国积极探索生态农业发展道路，通过试验示范、技术推广、重点工程建设、规划引导、制度设计等多种举措切实推动了生态农业发展，取得了积极效果（韩长赋，2015）。

在示范带动体系方面，自 20 世纪 80 年代以来，先后建成 2 批国家级生态农业示范县 100 余个，带动省级生态农业示范县 500 多个，探索形成了“猪-沼-果”、稻鱼共生、林果间作等一大批典型模式。1993 年 12 月选择了 50 个县作为全国生态农业县试点，2000 年启动第二批国家级生态农业示范县（市）50 个。2002 年农业部向全国征集 370 种生态农业模式或技术体系，遴选出具有代表性的十大类型生态农业模式：①北方“四位一体”生态农业模式；②南方“猪-沼-果”生态农业模式；③平原农林牧复合生态农业模式；④草地生态恢复与持续利用生态农业模式；⑤生态种植农业模式；⑥生态畜牧业生产农业模式；⑦生态渔业农业模式；⑧丘陵山区小流域综合治理农业模式；⑨设施生态农业模式；⑩观光生态农业模式。

近年来，在全国相继支持 2 个生态循环农业试点省、10 个循环农业示范市、

283 个国家现代农业示范区和 1100 个美丽乡村建设，初步形成省、市（县）、乡、村、基地五级生态循环农业示范带动体系。各地也积极开展试点示范，浙江省建设省级生态循环农业示范县 17 个、示范区 88 个、示范企业 101 个，江苏省启动 11 个生态循环农业示范县（市、区）建设，山东省确定了 16 个生态农业和农村新能源示范县。2013 年农业部在辽宁、河南、湖北、甘肃、重庆 5 省（直辖市）区分别建立现代生态农业创新示范基地。2015 年 1 月农业部、浙江省宣布部省共同推进浙江现代生态循环农业试点省建设。

在规划引导方面，印发了《全国生态功能区划》《全国农业可持续发展规划（2015—2030 年）》《土壤污染防治行动计划》《农业环境突出问题治理总体规划（2014—2018 年）》等。农业部出台了《关于打好农业面源污染防治攻坚战的实施意见》，对发展生态循环农业进行全面部署。浙江省制定了《关于加快发展现代生态循环农业的意见》，安徽省制定了《现代生态农业产业化建设方案》，江苏省制定了《江苏省生态循环农业示范建设方案》，部省联动、多部门互动的工作推进机制初步形成。

在制度框架方面，国家先后出台了《循环经济促进法》《中华人民共和国清洁生产促进法》《畜禽规模养殖污染防治条例（国务院令第 643 号）》《无公害农产品管理办法》等法律，实行最严格的耕地保护制度和节约用地制度、最严格的水资源管理制度和草原生态保护补助奖励制度，实行良种、农机具、农资、节水灌溉等补贴。印发《中共中央国务院关于加快推进生态文明建设的意见》，提出发展有机农业、生态农业，以及特色经济林、林下经济、森林旅游等林产业，加快建立循环型工业、农业、服务业体系。环境保护部 2016 年印发了《国家生态文明建设示范区管理规程（试行）》《国家生态文明建设示范县、市指标（试行）》，全国 21 个省区出台了农业生态环境保护规章，11 个省区出台了耕地质量保护规章，13 个省区出台了农村可再生能源规章，农业资源环境保护法制建设不断加强，制度不断完善。

在实施重点工程方面，在开展测土配方施肥、草原生态保护等工程项目的基础上，启动畜禽粪污等农业农村废弃物综合利用项目和东北黑土地保护利用试点，实施区域生态循环农业建设试点项目。在湖南长株潭地区实施重金属污染耕地修复试点，在河北启动地下水超采区综合治理试点，在新疆、甘肃等西北地区支持以县市为单位推进地膜回收利用。

在技术模式探索推广方面，围绕“一控两减三基本”的目标任务，探索形成了一些好的模式。在控制用水上，河北省制定了主要农作物水肥一体化技术标准和实施规范，2014 年推广面积 720 万亩，亩均节水 40%～60%，节肥 20%～30%。在化肥减量增效上，安徽省重点推进玉米、蔬菜、水果化肥使用零增长行动，大力推广种肥同播、水肥一体、适期施肥等新技术，推进秸秆还田、增施有机肥、种植绿肥等。在农药减量控害上，江西省把农药使用量零增长纳入生态文明先行示范区建设的重要内容和考核指标，实施公共植保防灾减灾、专业化统防统治、绿色植保农药减量、法治植保执法护农等专项行动。在畜禽粪污综合利用上，湖北省推广自我消纳、基地对接、集中收集处理等粪污利用方式，推进畜牧业与种植业、农村生态建设互动协调发展。在地膜综合利用上，甘肃省制定了加厚地膜生产标准，开展地膜综合利用试点示范，废旧地膜回收利用率达到 75.4%。在秸秆综合利用上，江苏省通过政府、企业、农户共同参与，市场化运作，初步形成了秸秆多元利用的发展格局。

专栏 4-2　国务院《土壤污染防治行动计划》概要（国发〔2016〕31 号）

总体要求：全面贯彻党的十八大和十八届三中、四中、五中全会精神，按照“五位一体”总体布局和“四个全面”战略布局，牢固树立创新、协调、绿色、开放、共享的新发展理念，认真落实党中央、国务院决策部署，立足我国国情和发展阶段，着眼经济社会发展全局，以改善土壤环境质量为核心，以保障农产品质量和人居环境安全为出发点，坚持预防为主、保护优先、风险管控，突出重点区域、行业和污染物，实施分类别、分用途、分阶段治理，严控新增污染、逐步减少存量，形成政府主导、企业担责、公众参与、社会监督的土壤污染防治体系，促进土壤资源永续利用，为建设“蓝天常在、青山常在、绿水常在”的美丽中国而奋斗。

工作目标：到 2020 年，全国土壤污染加重趋势得到初步遏制，土壤环境质量总体保持稳定，农用地和建设用地土壤环境安全得到基本保障，土壤环境风险得到基本管控。到 2030 年，全国土壤环境质量稳中向好，农用地和建设用地土壤环境安全得到有效保障，土壤环境风险得到全面管控。到 21 世纪中叶，土壤环境质量全面改善，生态系统实现良性循环。

主要任务：

① 开展土壤污染调查，掌握土壤环境质量状况；

② 推进土壤污染防治立法，建立健全法规标准体系；

③ 实施农用地分类管理，保障农业生产环境安全；

④ 实施建设用地准入管理，防范人居环境风险；

⑤ 强化未污染土壤保护，严控新增土壤污染；

⑥ 加强污染源监管，做好土壤污染预防工作；

⑦ 开展污染治理与修复，改善区域土壤环境质量；

⑧ 加大科技研发力度，推动环境保护产业发展；

⑨ 发挥政府主导作用，构建土壤环境治理体系；

⑩ 加强目标考核，严格责任追究。

如今，我国逐步形成了生态省—生态市—生态县—环境优美乡镇—生态村的系列生态示范创建体系，走出一条富有中国特色的生态农业发展道路。其主要经验包括：一是注重吸收我国传统农业的精华，发展特色生态农业，如农牧结合、土壤培肥、多熟种植、集水节水、精耕细作等。桑基鱼塘、稻田养鱼、南方“三位一体”和北方“四位一体”等以沼气为核心的生态工程等也为我国特有。二是注意引进和吸收农业高新技术，推进生态农业建设向高层次、高水平发展。三是在生态脆弱地区，促进生态农业发展与生态环境修复及保护相结合，增大区域植被覆盖率。四是注重培养公众生态环境意识，着重发动农民群众参与到生态农业建设的活动之中（杨正礼，2004）。

专栏4-3　从“洗盐”到“吃盐”，新疆盐碱地迎来生机（刘瑛，2014）

土壤盐碱化是指易溶性盐分在土壤表层积累的现象或过程。盐碱土壤可分为含硫酸盐、氯化物为主的松盐土壤和含碳酸盐为主的碱土壤，其危害主要体现在使农作物减产或绝收，影响植被生长并间接造成生态环境恶化。

作为中国最大的盐碱地区，新疆的盐碱地比例高，是一个不争的事实，大部分重度盐碱化土地长期无法利用，严重制约着新疆农业的发展。据统计，新疆盐碱土地面积达11万km^2，约占全国盐碱土地面积的1/3，现有耕地的32.6%已出现次生盐碱化。而因为地处内陆封闭环境，丰富的盐类物质只能在区内循环，致使土壤残余积盐和现代积盐过程都十分强烈，这些都是造成新疆农业低产的主要因素。

在过去的30年时间里，中国科学院新疆生态与地理研究所（以下简称新疆生地所）的科研团队，致力于新疆盐碱地的改良、开发与利用。新疆生地所党委书记、副所长田长彦研究员和他的团队在新和县为改良盐碱地开展了大量试验。他们经过反复试验，发现通过机械开沟，可以破除盐碱地的黏板层，让养分和水分能够顺畅地为植物提供营养，同时利用水利排碱渠将土壤中的盐碱排出，从而促进作物生长。通过技术推广，使当地大量的盐碱地成了能够进行棉花等经济作物耕作的良田。也使原本土地贫瘠的新和县，成了南疆重要的产棉区，更成为南疆棉花矮密植栽培的重要实验区。但这样的解决方式，无法从根本上解决盐碱土影响作物生长的问题，必须要找到一种治根治本的方法。

经过实地调查和资料分析，田长彦和他的团队将目光锁定在利用生物改良盐碱土壤的措施上。首先在新疆生地所阜康荒漠生态系统观测试验站建立了100亩的盐生植物园，成功引种147种盐生植物，并筛选出较为理想的盐生植物，进行小规模的试种。科研人员发现，这些盐生植物不仅能绿化荒漠，而且可以通过生长环节，将土地里的盐碱成分吸收到自己体内，从而使土地里的盐碱成分逐年减少。

通过反复的试验和分析，科研人员进一步发现，这些盐碱地在没有种植耐盐植物前土壤含盐量为每公斤（1公斤=1kg=1000g）50g，经过种植耐盐植物后，每公斤土壤的含盐量降低到10g。而盐碱土地里一亩地可收获近两吨盐生植物，每亩地里被这些盐生植物“吃掉”的盐近500公斤。也就意味着，如果连续3年进行耐盐植物的种植，就可以大幅‘淡化’土地，最终使其达到耕种标准。

2008年，在克拉玛依市大农业园区旁的几百亩盐碱地上，田长彦研究团队开始在寸草不生的盐碱地上种植盐生植物，并通过这些植物来改良土壤。克拉玛依盐碱化最严重的土壤每公斤含盐量大于40g，种植盐地碱蓬后，每年每亩地带走盐分431公斤。四年之后，土壤盐分降到每公斤10g以下，种植棉花亩产达400多公斤。由此确切地得出结论：盐生植物的开发与利用，是盐碱地治理开发的有效措施，是推进盐碱地区农业结构调整、改善生态环境、促进可持续发展的重要途径。

该工作得到了国家科技部重视，被列为国家863计划“盐碱地的生物修复”项目予以支持。

我国生态农业是在农业机械化、工业化尚未完全实现的基础上逐步发展起来的。生态农业发展包含经济、社会、生态多重功能，同时具有技术综合性强、产品层次多、区域差别大等特点。由于经济社会发展阶段等特殊国情的限制，当前我国生态农业在产业规模、生态效益、技术体系、组织管理等方面仍然存在许多问题与不足。

（1）生态农业产业规模及综合效益不足。

我国人口数量巨大，人均占有的水土资源相对非常有限，经济社会处在工业化、城镇化逐步提高的阶段，这些基本国情使得农业发展面临资源约束、粮食安全、环境污染等重大挑战，生态农业替代和改善化学农业的步伐十分缓慢。当前农业生产仍由化学农业主导，农业环境污染、生态系统退化形势严峻。2014 年全国耕地土壤点位超标率为 19.4%（环境保护部，2014；国土资源部，2014），化肥、农药利用率不足 1/3，农膜回收率不足 2/3，畜禽粪污有效处理率不到一半，秸秆焚烧现象严重。农村环境污染加重的态势，直接影响农产品质量安全。高强度、粗放式生产方式导致农田生态系统结构失衡、功能退化，农林、农牧复合生态系统亟待建立。

（2）生态农业技术体系有待优化。

生态农业建设是一个综合复杂的技术体系，需要根据区域地理环境及农业产品种类，综合利用生物、生态、水利、能源、信息、经济等多学科、多行业技术方法。该技术体系应该是一套层次丰富、相对成熟的标准技术体系，并由较高素质的农业生产者建立实施。但我国至今仍缺乏完善的生态农业管理标准化体系，生态农业技术整体处于较低水平（于法稳，2016），技术标准不完善、可操作性差等问题突出。生态农业技术研究更多是跟进西方已有技术，缺少能够降低农业生产成本和降低环境污染的关键技术。生态农业技术研发推广，则缺乏低成本技术，缺乏推广的技术市场。

（3）生态农业组织管理及政策体系不完善。

生态农业建设发展需要政府、企业、农户、社会服务团体的全方位参与，以及较好的政策体系支撑引导。当前我国从中央到地方都非常重视发展生态农业，但专门针对生态农业发展的支持政策还较少，缺乏良好的支持政策体系和完善的社会服务体系：一是生态农业生产标准及过程认证体系模糊，缺乏生态农业发展及农业生态保护的硬性制度（刘鹏等，2017）；二是生态农业生产、营销环节以及应对自然风险的支持政策不足；三是生态农业生产主体成长支持政策亟待加强；四是农技推广机构、农户合作组织、金融服务、信息服务等服务与管理体系尚不能很好地支撑生态农业建设。

4.2.2 绿色农业与有机农业

中国绿色农业与有机农业是生态农业中发展相对标准化、规范化的产业形态。其产出的绿色食品、有机农产品必须通过环境与过程监测、质量认证、特殊标识才可进入市场流通，因而产业发展中社会化、规范化管理的因素更为突出。

中国绿色农业与有机农业起步相对较晚。在绿色农业方面，1990 年，农业部批准并筹备“中国绿色食品发展中心（China Green Food Development Center，CGFDC）”。该中心 1992 年正式成立，1993 年加入国际有机农业运动联盟（IFOAM）。1995 年成立中国绿色食品协会。2003 年 10 月，绿色食品创始人、时任中国绿色食品协会会长刘连馥在联合国亚太经社理事会主持召开的“亚太地区绿色食品与有机农业市场通道建设国际研讨会”上提出“绿色农业”理念。2011 年 12 月 31 日，成立中国绿色农业联盟。

据中国绿色食品发展中心发布的统计数据，2014 年绿色食品产地环境监测面积为 3.4 亿亩。其中，绿色食品农作物种植监测面积 2.1 亿亩，仅为全国耕地面积的 1/10。

在有机农业方面，1990 年，浙江省临安市的裴后茶园和临安茶厂获得了荷兰 SKAL 的有机认证；中国的有机茶第一次走出国门，标志着中国开始了有机生产。在此之前，中国农业大学、中国可持续农业发展中心 1984 年开始进行有机农业和有机食品的研究工作。20 世纪 80 年代末，国家环保总局南京环境科学研究所与美国加州大学圣克鲁斯分校等合作进行有机作物生产系统与常规生产系统的比较研究。1994 年在国家环境保护总局南京环境科学研究所成立了“国家环境保护总局有机食品发展中心（Organic Food Development Center of the Ministry of Environment Protection，OFDC-MEP）”，专门从事有机食品的检查认证、宣传培训、质量监督、生产技术研究和咨询及国际交流与合作。这一系列的事件表明中国进入了有机农业启动阶段。

1995 年国家环境保护总局制定了《有机食品标志管理章程》和《有机食品生产和加工技术规范》，2001 年发布《有机食品技术规范》。2004 年国家质量监督检验检疫总局公布《有机产品认证管理办法》，2013 年进行了修订。2005 年，国家认证认可监督管理委员会发布《有机产品认证实施规则》。同年，国家质检总局发布《有机产品》（GB/T19630）认证标准，并于 2011 年修订《有机产品》标准。2005 年，农业部发布《关于发展无公害农产品绿色食品有机农产品的意见》，提出坚持无公害农产品、绿色食品和有机农产品“三位一体、整体推进”的发展思路，加快发展进程，树立品牌形象。无公害农产品作为市场准入的基本条件，坚持政府推动为主导，在加快产地认定和强化产品认证的基础上，依法实施标志管理，逐步推进阶段性认证向强制性要求转变，全面实现农产品的无公害生产和安全消费。绿色食品作为安全优质精品品牌，坚持商标证明与质量认证管理并举、政府推动与市场引导并行，以满足高层次消费需求为目标，带动农产品市场竞争力全面提升。有机农产品是扩大农产品出口的有效手段，坚持以国际市场需求为导向，按照国际通行做法，逐步从产品认证向基地认证为主体的全程管理转变，立足国情，发挥农业资源优势和特色，因地制宜地进行发展。2010 年农业部绿色食品管理办公室制定发布《有机农业示范基地创建与管理办法（试行）》。

专栏 4-4　农业部力推“三品一标”（农业部，2016）

无公害农产品、绿色食品、有机农产品和农产品地理标志统称“三品一标”。

2016 年 5 月，农业部发布《农业部关于推进“三品一标”持续健康发展的意见》。提出认真落实党的十八大和十八届三中、四中、五中全会精神，深入贯彻习近平总书记系列重要讲话精神，遵循创新、协调、绿色、开放、共享发展理念，紧紧围绕现代农业发展，充分发挥市场决定性和更好发挥政府推动作用，以标准化生产和基地创建为载体，通过规模化和产业化，推行全程控制和品牌发展战略，促进“三品一标”持续健康发展。

无公害农产品立足安全管控，在强化产地认定的基础上，充分发挥产地准出功能；绿色食品突出安全优质和全产业链优势，引领优质优价；有机农产品彰显生态安全特点，因地制宜，满足公众追求生态、环保的消费需求；农产品地理标志要突出地域特色和品质特性，带动优势地域特色农产品区域品牌创立。

“三品一标”是政府主导的安全优质农产品公共品牌，是当前和今后一个时期我国农产品生产消费的主导产品。

申报无公害农产品

企业或个人可以申请无公害农产品产地认定和产品认证。无公害农产品认定申报业务通过县级工作机构、地（市）级工作机构、省级工作机构、部级工作机构等各部门的材料审核、现场审查、产品检测、初审、复审、终审完成。

申报绿色食品

申报绿色食品要具备两个条件：

① 申请人必须是企业法人、合作社或家庭农场；

② 申请企业首先要到所属县（市、区）农业局环保站申请备案，然后由各县（市、区）报市农业局环保站，市农业局环保站会按照省绿色食品办公室的要求进行办理。

申报有机农产品

企业或合作社可以向有机认证机构提出申请，有机认证机构对企业提交的申请进行文件审核，如果审核通过则委派检查员进行实地检查，最后进行颁证决议和制证发证。

申请登记地理标志农产品

申请人必须是社会团体、事业单位，企业、合作社及政府等机构不可作为申请人。

申报“三品一标”需要收费的项目：第一，需要做检测的要缴纳必要的环境检测费、产品检测费。第二，申报绿色食品和有机食品需要缴纳标志使用费、公告费等。第三，收费标准方面，国家及农业部指定的检测机构根据不同情况具有详细的收费标准。

值得注意的是，一般申请“三品一标”，政府都会有相应的补贴和奖励，基本上可以做到补贴费用等于申请费用，相当于不花钱就能申请。

根据 FiBL 和 IFOAM 联合发布的《2016 世界有机农业概况与趋势预测》（FiBL et al.，2016），截至 2014 年年底，世界有机农业用地面积达 4370 万 hm^2，中国有机农业用地面积 192.5 万 hm^2，居世界第四。2014 年中国有机农业销售额 37.01 亿欧元，占世界市场份额的 4%，位列世界第四。

中国有机农业生产基地绝大多数分布在东部沿海地区和东北各省区，西部地区利用西部大开发的优势，近几年有机畜牧业发展势头良好。从数量和面积来看，东北三省和内蒙古最大；从产品加工程度和质量控制方面来看，上海、北京、浙江、山东和江苏等东部省份占较大优势；从发展速度来看，江苏、浙江等经济发达省份，江西、云南、内蒙古等环境优势省份（自治区）近年来发展迅速；从产品种类来看，有机和有机转换产品已经约有 50 大类，400～500 个品种，主要为蔬菜、水果、豆类、水产品和野生采集产品；从有机产品结构来看，我国目前有机产品主要为初级原料，加工产品较少，以植物类产品为主，动物类产品相当缺乏，野生采集产品增长较快（张新民，2009）。

绿色、有机农业发展在发达国家已经有半个多世纪的历史，而在我国，则是在改革开放，特别是进入新千年以后才逐步发展起来的新兴产业。与发达国家相比，我国的绿色、有机农业仍处于发展的初级阶段，产业发展中的问题依然突出。

（1）生态环境要求与高生产成本制约有机农业发展规模。

有机农业是对农业生态环境和农产品质量与安全要求最高的农业生产形态。近年来，由于耕地、牧地的过度开发，尤其工业的发展引起“三废”的超标排放，使得河流、湖泊、土地及空气等农业生态环境受到不同程度的污染。优良的生态环境成为非常稀缺的有机农业生产资源，加之有机农业生产过程严格限制化学品投入，使得有机农业生产面积、产业规模难以显著扩张，甚至时有萎缩，无法满足人们对健康安全食品的广泛需求。生态恢复、生产认证的漫长过程又增加了生产经营成本，进一步制约了有机农业的快速规模化发展。

（2）有机农业生产及市场推广体系尚不健全。

我国有机农业的生产体系包括企业自行生产、企业与农户合同生产、农民合作社生产等模式。有机农业的销售主要以直供模式、体验式农庄模式、观光生态农业模式为主，其他的少有涉及。一家企业往往同时进行有机农业和非有机农业的生产销售活动。有机农业的生产经营分散，缺乏统一的协调和组织，缺乏有全国规模和影响力的有机农产品营销企业，没有形成覆盖全国的有机农产品营销网络体系。

（3）有机农业认证与监管有待加强。

我国有机产品认证包括国家认证认可监督管理委员会对认证机构的批准与认可，以及认证机构对企业生产的认证。当前，我国获得有效认可的认证机构有 26 家，有效产品认证 14043 件。在实际认证及产品标志管理过程中，存在认证机构因为业务竞争等原因未严格执行国际或国内标准，认证行为不规范、不透明，造成有机认证质量不统一、机构认证公信力较低等问题。另外，关于有机农业产品储运、加工、标识、销售的标准规范不够严格，质量监测和可追溯体系尚不健全，这些都是有机产品市场发展中潜在的不足，制约着有机农业健康发展。

（4）推动绿色、有机农业发展的思想认识与道德观念存在不足。

绿色、有机农业发展，需要全社会具有强烈而深刻的食品安全、健康卫生、法律规范和诚实守信意识。然而，在当前我国农业资源生态压力较大、有机市场监管与认证不健全的情况下，存在着部分企业为追求经济利益，擅自扩大绿色、有机食品标识使用范围或超期使用有机食品标志，甚至假冒绿色、有机食品标识等欺骗消费者现象，严重损害了绿色、有机食品的市场整体形象。

4.2.3 农业生物技术与农用生产资料

我国高度重视发展农业生物技术及其产业化，推进现代农业生物技术在生物种业、生物肥料、生物农药、生物饲料等生产资料领域的应用。《国家中长期科学和技术发展规划纲要（2006—2020 年）》把生物技术作为科技发展的五个战略重点之一。国家科技部《“十二五”生物技术发展规划》指出：“围绕农业动植物育种、科学养殖和栽培、资源高效利用、病虫害有效防治以及生态环境改善中的重大科学问题，开展农田资源高效利用、有害生物控制、生物安全及农产品安全等农业高产、优质、抗病、高效研究，构建可持续发展的农林草生态和综合农业系统。”在政府、市场等多方面力量推动下，我国生物育种、绿色农用生物制品等具体产业领域的相关政策法规、产业发展取得了较大发展。

1）生物育种

2000 年 7 月我国颁布实施《中华人民共和国种子法》，之后于 2004 年、2013 年、2015 年三次修订。2012 年国务院办公厅印发《全国现代农作物种业发展规划（2012—2020 年）》，提出建立新型农作物种业科技创新体系、做大做强种子企业、加强种子生产基地建设、严格品种审定与保护、健全种子市场调控体系、提升农作物种业人才素质等主要任务，明确了水稻、玉米、小麦、大豆、马铃薯 5 种主要粮食作物和蔬菜、棉花、油菜、花生、甘蔗、苹果、柑橘、梨、茶树、麻类、蚕桑、花卉、香蕉、烤烟、天然橡胶 15 种重要经济作物的种业科研目标和重点，以及农作物种业重大工程和重点项目。

我国育种理论和技术不断进步，创新成果不断涌现与应用，形成了较完善的科技创新体系和产业发展体系。我国农作物种质资源储备总量 41 万份，位居世界第二，为形成种业基因资源优势奠定了基础。我国杂交优势利用技术一直处于国际领先地位，并不断取得新的突破。

我国是目前世界上少数拥有转基因作物自主研发能力的国家之一，甚至在某些方面已经位居世界前列。我国已建立规模化的水稻、棉花遗传转化技术体系，以基因枪、农杆菌介导或花粉管通道等转化技术为主的玉米、大豆和小麦转基因技术体系也已逐步成熟。培育出抗病虫、抗逆、抗除草剂、品质改良等转基因水稻、玉米、小麦、大豆、棉花、油菜新品系和新品种 400 多个。抗棉铃虫的转基因抗虫棉实现了产业化，高效表达植酸酶的转基因玉米技术达到国际同类领先水平，已经具备了产业化条件。抗黄花叶病小麦、抗旱小麦、抗虫玉米、抗旱玉米、抗除草剂水稻和大豆等转基因育种均取得了突破性进展。在转基因作物种植方面，我国是全球主要转基因作物种植国之一。根据国际农业生物技术应用服务组织（ISAAA）发布的《2015 年全球生物技术 / 转基因作物商业化发展态势》（Clive James，2015），中国转基因作物种植面积约 370 万 hm^2，位居世界第 6，主要种植类型为棉花、木瓜、白杨、番茄、甜椒等（亦云，2015）。

在种业市场方面，2000 年以来中国种业市场容量迅速扩张。种业产值由 2000 年的 250 亿元增加到 2013 年的 650 亿元，年均复合增速约为 8%（科学技术部社会发展科技司，2014）。企业实力得到增强，技术创新主体地位逐步强化。截至 2014 年 5 月，种子企业总量由 8700 多家减少到 5200 多家，前 50 强种子企业销售额占全国 30%以上（严洲，2014）；前 10 强种子企业年研发投入近 6 亿元，占其销售收入的 6%以上。

然而，受安全性争议、产业政策取向、投入及管理等方面的综合影响，我国转基因技术及其产品产业化速度整体较为缓慢。生物种业存在自主创新能力薄弱、研发与生产相互脱节、产业集中度不高、管理机制不健全等问题。

2）绿色农用生物制品

绿色农用生物制品是指利用现代生物技术，从植物源或微生物源类物质中获得的生物农药、生物肥料、生物饲料、动物疫苗及动植物生长调节剂等产品，是不含对人类和环境有害物质的绿色农业生产资料。根据我国生物农业特点、产业技术基础和发展状况，国家发展改革委于 2009～2010 年组织实施了绿色农用生物产品高技术产业化专项，重点支持具有自主知识产权和对产业发展有重大支撑作用的重要绿色农用生物产品的产业化，包括畜禽新型疫苗产业化、新型饲用抗生素替代产品产业化、新型高效生物肥料产业化、农林生物农药产业化等。

我国生物农药行业经过 60 多年的发展（20 世纪 50 年代至今），目前已拥有 30 余家生物农药研发方面的科研院所、高校、国家级和部级重点实验室，并且已成为世界上最大的井冈霉素、阿维菌素、赤霉素生产国。从综合产业化规模和研究深度上分析，井冈霉素、阿维菌素、赤霉素、苏云金杆菌（简称 Bt）4 个品种已成为我国生物农药产业中的拳头产品和领军品种（表 4-2）。随着农产品安全事件的频发以及人们环保意识的增强，我国生物农药行业也快速发展。据报道，2013 年，我国有 260 多家生物农药生产企业，约占全国农药生产企业的 10%；生物农药制剂年产量近 13 万 t，年产值约 30 亿元人民币，约占整个农药总产量和总产值的 9%左右（中国农资网，2014）。在技术水平方面，我国已经掌握了许多生物农药的关键技术与产品研制的技术路线；在研发水平上与世界水平相当，人造赤眼蜂技术、虫生真菌的工业化生产技术和应用技术，捕食螨商品化，植物线虫的生防制剂等领域国际领先。

表 4-2　我国生物源农药登记注册情况

生物源农药种类	有效成分种类	产品总数	大宗产品有效成分
微生物农药	24	281	Bt
植物源农药	28	237	苦参碱
			除虫菊素
			印楝素
生物化学农药	11	202	乙烯利
			赤霉酸
抗生素	17	1832	阿维菌素
			井冈霉素
植物免疫诱抗剂	7	35	氨基寡糖素
			激活蛋白
天敌生物	3	4	松毛虫赤眼蜂
			螟黄赤眼蜂
合计	90	2591	/

注：截至 2012 年 12 月的统计结果，包括单剂和混配药剂。

我国是世界第二大饲料生产国，生物饲料工业为饲料加工业的发展起到了积极的支撑作用。我国微生物饲料添加剂开发企业约 400 家，国内年销售额约 20 亿元。

企业普遍规模较小，销售额在 1 亿元以上的企业不足 5 家，产品的市场普及率也仅有 10%左右。随着健康养殖需求的与日俱增，生物饲料产业发展将进入快车道。预计未来微生物饲料添加剂市场空间约 200 亿元，而发酵饲料产值也将在未来 5～10 年达到 900 亿～1800 亿元（李惠钰，2014）。

我国从 20 世纪 90 年代开始进行微生物肥料登记，截至 2013 年 12 月底，农业部微生物肥料和食用菌菌种质量监督检验测试中心正式登记微生物肥料产品 1009 个，临时登记 763 个（科学技术部社会发展科技司，2014）。我国生物肥料具有品种多、应用范围广的特点，尤其在研制开发微生物与有机营养物质、微生物与无机营养物质复合而成的新产品方面，处于领先地位，对大豆、花生等豆科作物及小麦、玉米等作物取得了良好的增产和抗病效果。

据农业部微生物肥料和食用菌菌种质量监督检验测试中心的数据，截至 2015 年 3 月我国微生物肥料企业 1500 多家，遍布我国的 28 个省（自治区、直辖市）；已获农业部临时登记产品 883 个，正式登记产品 1281 个，年产量超过 950 万 t，产品应用推广面积 1.5 亿亩以上，全国从事微生物肥料生产的人员 5 万多人，出口产品种类和数量也显著增加。2000 年以来，我国正式登记的微生物肥料产品数量呈现总体快速增加趋势，这与我国近年来加大对环境污染的重视，逐步提高生物肥料的研发与应用密切相关。

我国微生物肥料产品进出口也日趋活跃，目前有 20 余个境外产品进入我国市场，并在国内进行了试验，已有 20 多个产品获得登记。随着经济全球化进程的加快，将有更多的境外产品进入我国的农资市场。同时，我国也有 10 个产品出口至澳大利亚、日本、美国、匈牙利、波兰、泰国等国家。

我国绿色农用生物产品在得到一定发展的同时，也面临着诸多发展中的问题、困境与不足。包括技术成熟度低、品种比较单一、自主知识产权著名品牌和龙头企业欠缺、产业规模化程度不高等。当前我国农业土壤、水体污染严重，成为人民饮食安全和健康卫生的极大隐患。因而，迫切需要加快促进生物农药、生物饲料、生物肥料等生物型绿色农业生产资料的研究开发、应用推广和产业发展。

4.2.4　农产品加工业

广义的农产品加工业是指以人工生产的农业物料和野生植物资源及其加工品为原料所进行的工业生产活动。狭义的农产品加工业则包括食品加工业、食品制造业和饮料加工业三大块，即食品工业。国际上通常将农产品加工划分为5类，即食品、饮料和烟草加工，纺织、服装和皮革工业，木材和木材产品包括家具制造，纸张、纸产品加工、印刷和出版，橡胶产品加工（翁志辉等，2005）。当前，随着现代高技术发展，农产品深加工与开发利用已经延伸到生物化工、医药、能源等众多领域。

发展农产品加工业、实现农业产业化经营，是促进农业和农村经济结构战略性调整的重要途径。发展农产品加工业，可以促进优化农产品区域布局和优势农产品生产基地的建设，延长农业产业链条，提高农产品的综合利用、转化增值水平，有利于提高农业综合效益和增加农民收入；通过扩大农产品深加工，提高产品档次和质量，促进农产品出口，有利于提高我国农业的国际竞争力；通过发展农产品加工业，以农业产业化经营为基本途径，吸纳农村富余劳动力就业，提高技术装备能力和水平，有利于推进农业现代化。

我国是一个农业大国，主要农作物的产量位于世界前列。但我国的农业生产主要以原料生产为主，农产品加工技术水平低，基本上都是低级、初级加工。几种主要农产品，如粮食、油料、水果及蔬菜等的加工增值比重很低，造成农产品原料的大量损耗和浪费。我国农产品加工技术和装备普遍落后于发达国家，各种高新加工技术的应用很不普遍，农产品加工业距世界发达国家水平还有很大差距。

为促进农产品加工业持续健康发展，2002年国务院办公厅印发《关于促进农产品加工业发展的意见》，提出：大力发展粮、棉、油料等重要农产品精深加工，积极发展“菜篮子”产品加工，巩固发展糖、茶、丝、麻、皮革等传统加工。国家发改委会同工信部编制的《食品工业“十二五”发展规划》提出：在东北、长江中下游稻谷主产区，长三角、珠三角、京津等大米主销区以及重要物流节点，大力发展稻谷加工产业园区；支持东北大豆产区建设大豆食品加工基地。2014年中共中央办公厅、国务院办公厅印发《关于引导农村土地经营权有序流转发展农业适度规模经营的意见》提出：鼓励农业产业化龙头企业等涉农企业重点从事农产品加工流通和农业社会化服务，带动农户和农民合作社发展规模经营；落实和完善相关税收优惠政策，支持农民合作社发展农产品加工流通；推动供销合作社农产品流通企业、农副产品批发市场、网络终端与新型农业经营主体对接，开展农产品生产、加工、流通服务。《农业部关于做好 2015 年农产品加工业重点工作的通知》提出 9 条工作意见：积极推动促进农产品加工业发展有关政策的落实，加快发展农产品产地初加工，深入开展主食加工业提升行动，启动实施农产品及加工副产物综合利用提升工程，着力提升农产品加工技术装备水平，积极培育农产品加工龙头企业，稳步推进农产品加工业园区建设，鼓励支持主产区农产品加工业发展，努力提高农产品加工业管理服务水平。

经过改革开放以来多年的发展，我国农村生产力得到了极大解放和发展。以粮油薯、菜篮子产品和特色农产品加工为主的农产品加工业快速发展。2014 年，全国规模以上农产品加工企业 7.57 万家，实现主营业务收入 18.48 万亿元，实现利润总额 1.22 万亿元，上缴税金总额 1.17 万亿元。农产品加工业与农业总产值比达到 2.12∶1，10 年间年均提高 0.1 个点。以休闲农业为代表的三产促进一产直接链接三产带动二产，贯穿农村一二三产业，形成融合生产、生活、生态和文化功能的新型产业形态和消费业态。2014 年，全国休闲农业中的农家乐、民俗村、休闲农园、休闲农庄等经营主体超过 180 万家，其中农家乐超过 150 万家，规模以上企业超过 4 万家，年接待人数达 10 亿人次，营业收入达 3000 亿元，带动 3000 万农民就业增收，产业呈现出“发展加快、布局优化、质量提升、领域拓展”的良好态势，成为一二三产业的融合体、农民利益的共同体、农耕文化的传承体。

我国农产品加工及农村一二三产业融合虽然取得了一定的进展，但仍然处于初级发展阶段。融合程度低、层次浅，新型经营主体发展较慢，先进技术要素扩散渗透力差。经营方式大多处于生产导向型，消费导向型不足，产业之间互联互通性不强，大量的农产品在生产初期没有考虑加工转化，没有考虑农业的功能拓展。农业生产、加工、物流、销售的产业链、价值链实现不充分，大多处于耕种收阶段，产加销、贸工农出现脱节。农产品深加工整体处于低端水平，向生物产业过渡刚刚起步，与发达国家相比存在明显差距。

为此，今后一个时期我国农业农村经济发展，要以农民就业增收为主线，以农产品加工业为引领，通过农业相关产业联动集聚，推动生产要素跨界配置和农产品生产、加工、销售及休闲农业、乡村旅游等相关服务业的有机整合，延长产业链、提升价值链、拓宽增收链，优化农产品产地生产力结构布局，促进农村一二三产业紧密连接、协同发展，为转变农业发展方式、助推“三农”强、美、富和全面建成小康社会做贡献（宗锦耀，2015）。

专栏 4-5　美国的农产品加工业（农业部农产品加工局考察团，2014）

美国农场规模大，劳动生产率和产品标准化程度很高。例如，芝加哥 Jeschke & Doll-inger 农场为加工企业专门生产玉米和大豆，种植规模达到 2.7 万亩，采用了机械化、设施化、信息化和精准化农业集成技术，农业生产主要由 5～7 人完成。

美国农产品精深加工大而专、副产物利用程度高，并且注重资源综合利用、生态环境保护和可持续发展。稻米加工企业主要生产精米、预煮米和即食食品，稻壳用作燃料转化能源。畜禽屠宰加工除进行肉及肉制品加工外，骨、血、皮、毛等副产物还被普遍用于生物医药、食品添加剂、饲料等的加工。

Riceland Foods 与 Producers 是全美第一和第二大稻谷加工企业，均采用合作制组织形式，分别拥有 6000 家、2500 家农场主社员，基本上分三次进行利益分配。农场主销售稻谷给公司，首先获得 60%～70%的收入，在 7 月底财政年度末得到剩余的销售收入，到 12 月份还可依据当年的销售量获得公司的利润分红。

美国的农场联合会是由农场主自愿组成的社团组织，会员有 600 多万人，具有很强的社会影响力。联合会可向议员、农业部直接提出建议，推动产业政策的制订，在税收、环保、财产、土地、出口等方面维护农场主的利益。农民对社会服务组织高度认可，积极参与。

美国的农产品都建立了分级标准，如谷物分为 5 个等级，牛肉分为 4 个等级。企业也建立了严格的自检制度，如 Hoekstra Potato Farms 的马铃薯在清洗分级后，检验人员会从传送带上随机取样进行检测，符合标准的才给薯片薯条加工厂发货。

Pork King Packing 公司建立了危害分析与关键点控制技术体系，关键控制点有专人值守，生产线每天都进行彻底清洗，环保控制严格，污水处理必须达标。

参考文献

国务院，2016．关于印发土壤污染防治行动计划的通知(国发〔2016〕31号)[Z]．http://www.gov.cn/zhengce/content/2016-05/31/content_5078377.htm.

韩俊，2012．中国农业现代化六大问题[J]．时事报告，3：8-17．

韩长赋，2015．大力发展生态循环农业[N]．农民日报，2015-11-26．

韩长赋，2015．我国农业农村发展成就举世瞩目[N]．经济日报，2015-10-11．

何传启，2012．农业现代化已成为现代化的短板[N]．光明日报，2012-5-17．

环境保护部，国土资源部，2014．全国土壤污染状况调查公报[J]．中国环保产业，36(5)：10-11．

科学技术部社会发展科技司，中国生物技术发展中心，2014．中国生物技术与产业发展报告[M]．北京：科学出版社．

李惠钰，2014．生物饲料工业化亟须“喂料”[J]．农村农业农民，2：44-45．

刘鹏，王干，2017．我国生态农业法律制度研究[J]．生态经济(中文版)，33(3)：110-114．

刘奇，2015．中国农业现代化进程中的十大困境[J]．行政管理改革，3：23-31．

刘瑛，2014．从“洗盐”到“吃盐”新疆盐碱地迎来生机[N]．亚心网，2014-02-18. http://difang.kaiwind.com/xinjiang/tsnb/201402/18/t20140218_1409762.shtml.

农业部，2005．关于发展无公害农产品绿色食品有机农产品的意见[N]．农民日报，2005-08-26(008)．

农业部，2016．关于推进“三品一标”持续健康发展的意见[J]．农产品质量与安全，3：76-77．

农业部，等，2015．全国农业可持续发展规划(2015—2030)[Z]．2015-5-20．

农业部农产品加工局考察团，2014．美国农产品加工业考察札记[N]．农民日报，2014-12-13．

统计局，2016．农业生产稳定增长综合能力显著提高[J]．现代畜牧兽医，4：59-60．

翁志辉，曾玉荣，许正春，等，2005．国内外农产品加工业发展现状、特点及对我省的启示[J]．福建农业学报，20(s1)：194-200．

严洲，2014．我国种子行业企业数量 3 年内减少 40%[N]．中国证券网，2014-5-20. http://www.cs.com.cn/xwzx/cj/201405/t20140520_4395553.html.

杨正礼，2004．当代中国生态农业发展中几个重大科学问题的讨论[J]．中国生态农业学报，12(3)：1-4．

亦云，2015．中国转基因作物种植面积世界第六 全球已 1.8 亿公顷[N]．人民网，2015-1-28. http://news.163.com/15/0128/17/AH2H5EMQ00014JB6.html.

于法稳，2016．加快生态农业建设的建议[J]．中国国情国力，1：13-15．

曾衍德，2014．中国耕地污染退化问题突出，退化面积已超过 40%[N]．中国广播网，2014-12-5．http://news.qq.com/a/20141205/ 038226.htm.

张新民，陈永福，刘春成，2009．中国有机农业发展现状和前景展望[J]．农业生产展望，4：19-22，27．

中国农资网，2014．中国生物农药研发走向成熟[J]．植物医生，5：39-39．

宗锦耀，2015．以农产品加工业为引领推进农村一二三产业融合发展[J]．中国农民合作社，6：17-20．

Clive J，2016．2015 年全球生物技术 / 转基因作物商业化发展态势[J]．中国生物工程杂志，36(4)：1-11．

FiBL，IFOAM，2016. The world of organic agriculture：statistics and emerging trends 2016[R]. http://shop.fibl.org/CHde/1698-organic-world-2016.html? ref=1.

第 5 章　中国生物农业发展的需求分析

农业资源有广义和狭义之分，广义的农业资源是指所有农业自然资源、自然条件和农业生产所需要的社会经济技术资源的总和，而狭义的农业资源仅指农业自然资源和自然条件。我国的气候、土地、水资源等农业自然资源总量丰富，类型多样，但也存在明显的地域分布不均、人均量小、人地矛盾突出，土地荒漠化、水土流失、土壤肥力下降等问题，严重制约我国农业快速发展。

与此同时，坚持以农业为基础，把农业放在国民经济发展首位的战略选择，推进实现了我国农业“十二连增”的优异成绩，在保证 13 亿人口粮食安全的情况下，努力提升农业综合生产能力、农村劳动力、农民经济收入和生活质量、农村社会保障水平等，有力地推进了农业和农村的持续健康发展，为农业发展奠定了坚实基础。

在食品安全要求日益增强的农业新时期下，发展生物农业成为我国农业可持续发展的方向，也是克服发展中问题的有效解决策略。面对总量和质量的结构性失衡，发展生物农业能够推进农业供给侧结构性改革，也能促使农业适应市场需求变化。生物农业提倡少使用或者不使用化肥、农药，从源头上推进农业循环发展，进而提升农产品的质量安全，增加绿色、有机安全农产品的有效供给。同时，当前农业发展背景下，我国生物农业发展也存在生态效益和产业化水平低、制度建设和体系建设不完善、农民主体生态意识不强等挑战和不足，发展生物农业仍需从主客体、制度建设、经济效益等方面完善和提高。

5.1　中国农业发展的自然条件与社会氛围

5.1.1　农业发展的自然资源

从广义角度，农业资源指所有农业自然资源、自然条件和农业生产所需要的社会经济技术资源的总和。从狭义角度，农业资源仅指农业自然资源和自然条件。农业自然资源和自然条件是自然界可用于农业生产的物质和能量，以及保证农业生产活动正常进行所需的自然环境条件的总称，一般指天然存在的物体（农业资源与可持续发展关系研究课题组，2003）。传统意义上，农业自然资源又分为气候资源、水资源、土地资源和生物资源等。

我国农业气候资源丰富多样，具备以下特征：①光热资源丰富，降水偏少，水成为大部分地区的限制因素；②雨热基本同季，夏季光、热、水共济；③热量和降水量的年际变化大，气候灾害频繁；④非地带性因素影响强烈，地方性气候明显；⑤光热水匹配不协调，地区差异显著（李海凤等，2013）。

我国是一个旱、涝、渍害频繁的国家，水资源具有下面几个主要特征：①总量多，人均、单位耕地面积水量较少。水资源总量居世界第 6 位，但人均约为世界的 1/4；②水资源的地区分布不均匀，总趋势是由东南沿海向西北内陆递减。我国水资源地区分布不匀，加剧了供求矛盾，限制了许多地区光、热和土地资源生产效率的发挥；③泥沙淤积严重，增加了江河防洪的困难，降低了水利工程效益（李劲峰，2000）。具体数据见表 5-1 和表 5-2。

表 5-1　我国水资源供水量情况　（单位：亿 m^3）

供水量		2011 年	2012 年	2013 年	2014 年	2015 年
		6107.2	6131.2	6183.4	6095	6103.2
分类统计	地表水源	4953.3	4954	5008.6	4921	4969.5
	地下水源	1109.1	1134.3	1125.4	1117	1069.2
	其他水源	44.8	42.9	49.4	57	64.5
分区统计	南方 4 区	3340.8	3312.5	3361.4	3314.7	3341
	北方 6 区	2766.4	2818.7	2822	2780.2	2762.2

注：松花江、辽河、海河、黄河、淮河、西北诸河 6 个水资源一级区（简称北方 6 区），长江（含太湖）、东南诸河、珠江、西南诸河 4 个水资源一级区（简称南方 4 区）。

数据来源：中国水资源公报（2011～2015 年）。

表 5-2　我国水资源总量情况　（单位：亿 m^3）

水资源总量		2011 年	2012 年	2013 年	2014 年	2015 年
		23256.7	29528.8	27957.9	27266.9	27962.6
分类统计	地表水源	22213.6	28373.3	26839.5	26263.9	26900.8
	地下水源（矿化度≤2g/L）	7214.5	8296.4	8081.1	7745	7797
分区统计	南方 4 区	18338.8	23889.8	21449.9	22608.4	23229.1
	北方 6 区	4917.9	5639	6508	4658.5	4733.5

注：松花江、辽河、海河、黄河、淮河、西北诸河 6 个水资源一级区（简称北方 6 区），长江（含太湖）、东南诸河、珠江、西南诸河 4 个水资源一级区（简称南方 4 区）。

数据来源：中国水资源公报（2011～2015 年）。

我国是一个多山国家，宜耕土地资源比重小，人地关系长期处于紧张状态（刘复刚，1995）。我国土地资源具有以下基本特征：①土地辽阔、类型多样。我国土地资源类型达2700个左右，有利于农、林、牧、渔生产的全面发展；②类型结构不合理。我国国土总面积中，难以利用或不能利用的土地占29.1%，城镇、道路、工矿、居民点用地约占2.8%，已利用或可利用于农、林、牧、渔业生产的土地，约占国土总面积的2/3；③后备土地资源中，宜农荒地数量少，质量差；宜林地数量多，质量较好；④土地资源分布不平衡，土地生产力地区间差别显著；⑤土地退化严重，主要表现在土壤侵蚀大面积发生以及与此相联系的潜在性洪涝威胁加重，土地沙漠化继续发展，草原生产力普遍降低，以及工业“三废”对土地污染加剧；⑥土地与人口矛盾尖锐，土地资源承载力长期处于临界状态，土地资源紧缺的状况日益突出。

从我国土地资源变化来看，可利用耕地、林地、牧草地等资源减少，而建设用地呈现增加趋势（表5-3）。

表5-3　我国土地资源情况　　（单位：万 hm^2）

<table>
<tr><td colspan="2" rowspan="2">全国农用地</td><td>2013年</td><td>2014年</td><td>2015年</td></tr>
<tr><td>64616.84</td><td>64574.10</td><td>64545.68</td></tr>
<tr><td rowspan="4">农用地</td><td>耕地</td><td>13516.34</td><td>13505.73</td><td>13499.87</td></tr>
<tr><td>园地</td><td>/</td><td>1437.82</td><td>1432.33</td></tr>
<tr><td>林地</td><td>25325.39</td><td>25307.13</td><td>25299.20</td></tr>
<tr><td>牧草地</td><td>21951.39</td><td>21946.60</td><td>21942.06</td></tr>
<tr><td rowspan="3">耕地变化情况</td><td>因建设占用、灾毁、生态退耕、农业结构调整等原因减少</td><td>35.47</td><td>38.80</td><td>33.65</td></tr>
<tr><td>通过土地整治、农业结构调整等增加</td><td>35.96</td><td>28.07</td><td>29.30</td></tr>
<tr><td>年内净变化耕地面积</td><td>0.49</td><td>−10.73</td><td>−4.35</td></tr>
</table>

数据来源：中国国土资源公报（2011～2015年）。

由于自然地理环境复杂多样，且第四纪冰川作用远不如欧洲同纬度地区那样强烈广泛，我国生物所受影响较小，种属特别繁多，仅次于世界上植物区系最丰富的马来西亚和巴西。这些资源可用于食物、医药、工业原料、观赏、环境保护等，并可为动植物育种提供丰富的种质资源。此外，我国数千年的生产活动，培育出大量适应不同自然地理环境的农作物、林木、畜禽和鱼类等优良品种。

5.1.2　农业发展的生态环境

目前，我国农业生态环境恶化，土壤及水资源污染，水土流失严重，耕地面积减少，这是我国农业发展最大的制约因素（邓金锋，2008；周赫男，2013）。

我国生态环境恶化主要表现在以下几个方面：①工业“三废”对生态环境的污染严重，且有蔓延扩大的趋势；②农业自身对土地及水资源的污染日趋严重。不同程度地使用违禁农药和化学制品，造成耕地、水域污染，农作物、果蔬、粮食、水产品中农药残留严重，农产品重金属残毒增加，使致癌物质通过粮食、蔬菜、水果等食物迁移到人体，致使人类多种疾病大幅度提高；③由于工业企业对大气的污染、汽车尾气排放量的急剧增加及二氧化碳等温室气体的增多，地球大气增暖，灾害天气增多，自然环境、生态环境破坏严重，造成天气炎热、干旱少雨，土地沙化严重。

我国淡水资源紧缺，农业用水量占整个用水总量的 70%左右。目前，全国 2/3 的大中城市面临缺水，且水资源的时空分布与耕地分布状况极不协调。全年降水量的 80%集中在夏季；长江以南地区总水量多而耕地少，长江以北水资源少但耕地多；华北和西北地区，干旱少雨，严重缺水。同时，我国水资源受污染情况严重。2015 年，全国 23.5 万 km 的河流水质状况评价结果显示，全年 I 类水河长占评价河长的 8.1%，II 类水河长占 44.3%，III 类水河长占 21.8%，IV 类水河长占 9.9%，V 类（已无使用功能）水河长占 4.2%，劣 V 类（人体非直接接触）水河长占 11.7%（表 5-4）。从水资源分区看，I～III 类水河长占评价河长比例为：西北诸河区、西南诸河区在 97%以上；长江区、东南诸河区、珠江区为 79%～85%；黄河区、松花江区为 66%～70%；辽河区、淮河区、海河区分别为 52%、45%和 34%。

表 5-4　我国水质变化情况　（单位：%）

河流水质占比	2011 年	2012 年	2013 年	2014 年	2015 年
I 类水河长占比	4.6	5.5	4.8	5.9	8.1
II 类水河长占比	35.6	39.7	42.5	43.5	44.3
III 类水河长占比	24.0	21.8	21.3	23.4	21.8
IV 类水河长占比	12.9	11.8	10.8	10.8	9.9
V 类水河长占比	5.7	5.5	5.7	4.7	4.2
劣 V 类水河长占比	17.2	15.7	14.9	11.7	11.7

数据来源：中国水资源公报（2011～2015 年）。

我国人口多、耕地少，城市化水平较低。随着人口增长，经济社会发展以及工业化、城市化的逐步推进，今后一段相当长的时间内我国将继续面临较大的耕地占用压力，加上保持生态环境退耕的需要，耕地减少的趋势难以逆转。此外，我国耕地面积分布极不平衡，62%的耕地分布在水资源不足全国 20%的淮河流域及以北地区，水资源充足的长江流域及以南地区耕地仅占 38%。

土地荒漠化、水土流失、土壤肥力下降也是我国农业发展面临的主要困境。近年来，我国耕地质量处于恶化情况（图 5-1），耕地面积呈现逐年下降的趋势（图 5-2，图 5-3）。2014 年，全国耕地平均质量等别为 9.97 等，总体偏低。优等地面积为 386.5 万 hm^2，占全国耕地评定总面积的 2.9%；高等地面积为 3577.6 万 hm^2，占全国耕地评定总面积的 26.5%；中等地面积为 7135.0 万 hm^2，占全国耕地评定总面积的 52.9%；低等地面积为 2394.7 万 hm^2，占全国耕地评定总面积的 17.7%。

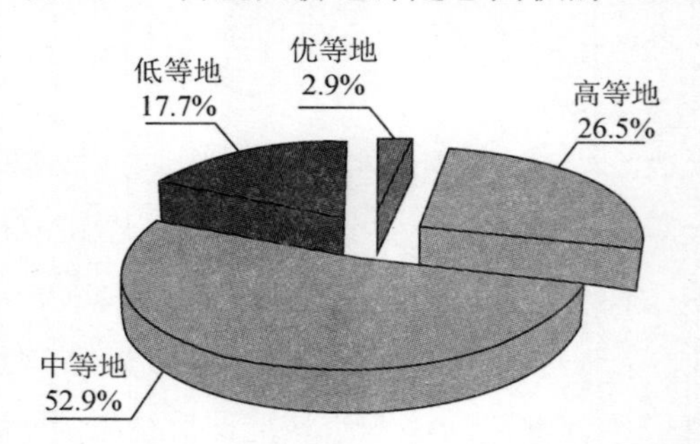

图 5-1 2014 年全国耕地质量各等级面积占比情况

数据来源：中国国土资源公报（2015 年）。

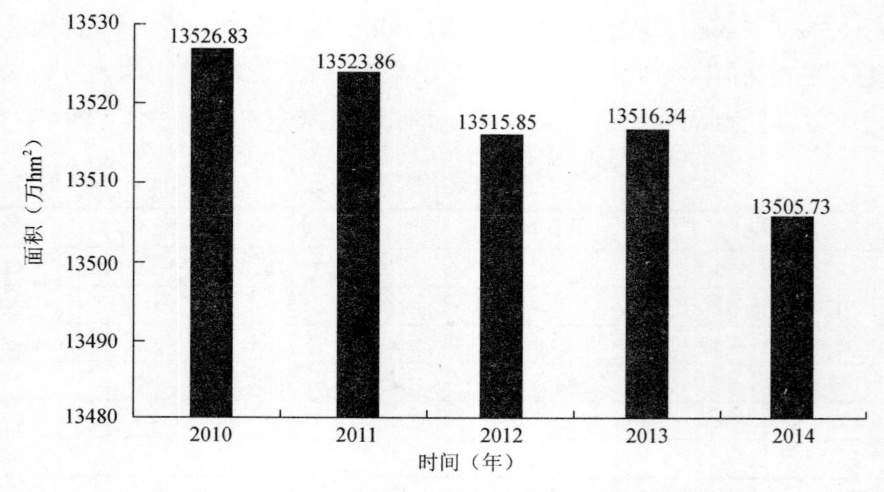

图 5-2 2010～2014 年全国耕地面积变化情况

数据来源：中国国土资源公报（2011～2015 年）。

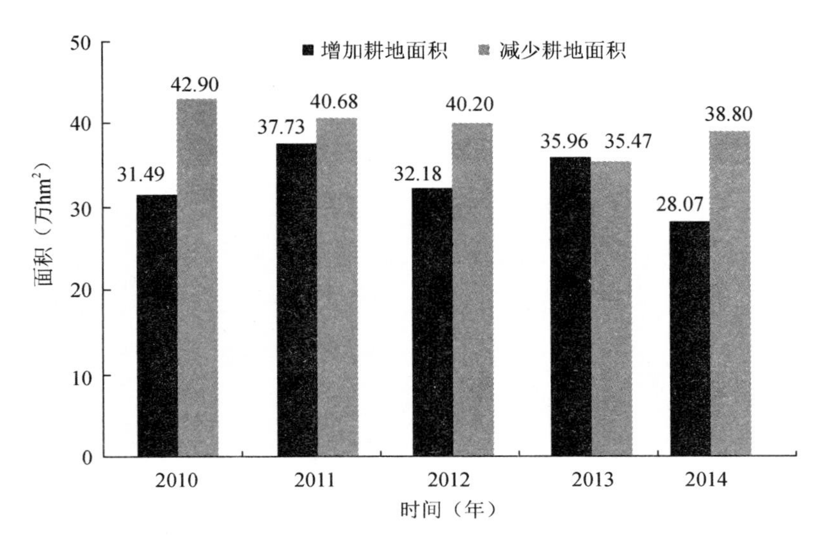

图 5-3　2010～2014 年全国耕地面积增减变化情况

数据来源：中国国土资源公报（2011～2015 年）。

专栏 5-1　渭北盐碱滩地土壤治理技术集成与示范

盐碱地改良利用是我国扩大耕地面积，实现农业可持续发展，保持耕地总量动态平衡的重要手段之一。同时，可以减少因土地长期盐碱化造成的土地资源严重浪费，可促进区域粮食稳定增长，缓解区域因饲草短缺、人畜争粮、粮草争地矛盾日益增长的问题。

陕西渭北盐碱地面积分布广，治理难度大，不但造成资源浪费、农业生产损失，而且对生物圈和河滩地生态系统良性循环造成严重威胁。多年来的治理经验表明，通过生物措施改良的盐碱地脱盐持久、稳定，且极有利于水土保持以及生态平衡。因此，选择耐盐碱牧草，应用牧草与农作物进行生物轮作种植技术，确定盐碱地开发模式，不仅能解决长期因改良速度慢，盐碱反复出现，影响改良投入与技术持续运行等现实问题，而且对于解决区域土地规模化生产、机械化经营、产业化可持续发展具有很重要的意义。

针对盐碱地的盐渍含量程度，可以采用 5 种轮作种植的生物改良技术模式，不仅成效显著，而且无污染，并起到净化水质及改善局地气候的作用。

1. 苜蓿-小麦+玉米年际种植模式

首先，选择合适的耐盐碱苜蓿品种，采用适宜的种植管理方法进行苜蓿种植。在苜蓿连续生长 4 ~ 5 年后，夏末利用翻耕机将苜蓿地深翻，翻耕深度 30 cm 以上，9 ~ 10 月，在耙耱平整的土地上种植冬小麦，次年小麦收获后，6 月份左右播种玉米，然后小麦+玉米轮作 1 ~ 3 年，再连续种植苜蓿 4 ~ 5 年，再种植小麦+玉米。

2. 苜蓿-玉米年际种植模式

苜蓿连续生长 4 ~ 5 年后，5 ~ 6 月利用翻耕机将苜蓿地深翻，翻耕深度 30 cm 以上。平整土地，结合整地施少量底肥，种植玉米一季，然后再在当年秋季连续种植苜蓿，待苜蓿生长利用 4 ~ 5 年后，再对苜蓿地翻压，种植玉米一季。

3. 冬牧 70-玉米-苜蓿季节种植模式

种植 4 ~ 5 年苜蓿后，9 月利用翻耕机将苜蓿地深翻，翻耕深度 30 cm 以上。10 月播种冬牧 70 黑麦，次年 4 月收获青草后再直接播种苜蓿；或 5 月底收获冬牧 70 籽粒后，直接种植玉米，待玉米收获后，9 月中旬种植苜蓿。

4. 苜蓿-油菜-玉米年际种植模式

种植 4 ~ 5 年的苜蓿后，9 月利用翻耕机将苜蓿地深翻，翻耕深度 30 cm 以上。9 ~ 10 月与小麦同期播种油菜，次年油菜收获后，可以直接种植玉米，待玉米收获后，在 9 月中旬种植苜蓿。

5. 燕麦-玉米-苜蓿季节种植模式

种植苜蓿 4 ~ 5 年后，在春季土壤解冻后利用翻耕机将苜蓿地深翻，平整土地，种植燕麦，燕麦的种植适宜直播浅覆土，单播时一般深度为 3 ~ 4cm，在 5 月中旬燕麦收获后，可以直接种植玉米，待玉米收获后，在 9 月中旬种植苜蓿。

5.1.3 农业发展的环境氛围

从历史角度看，作为人类社会的衣食之源、生存之本，以及工业等其他物质生产部门与一切非物质生产部门存在和发展的必要条件，农业一直在国民经济和社会发展中占据重要的地位。我国是传统的农业大国。在农业生产工具方面，从夏商出现木制的耒耜、石刀、蚌镰，到春秋出现、战国推广、西汉普遍使用的铁农具和犁耕法，实现农业动力由人工耦耕向畜力耕作的革命性变迁；三国、两晋、南北朝出现的白口铁柔化制成的铁农具种类增加、性能改进，以及宋、元、明、清农具空前大发展，在解放劳力和促进土地生产率方面起到极大促进作用

（表 5-5）。在农业思想理论方面，从最原始的“年年易地生荒耕作制向连种三五年撂荒三五年的轮荒耕作制转变”，到夏、商、周的“井疆沟洫制”，三国、两晋、南北朝时期的“谷田必须岁易”“莠多而收薄”，认识到合理轮作的必要性；同时，该时期已经从野生绿肥作物的利用发展到有意识栽培绿肥作物，将绿肥作物纳入轮作体系，开创了绿肥作物轮作复种的“美田之法”；另外战国时期的“畎亩法”，在干燥田里将庄稼种于垄沟以防旱，在低温田中将庄稼种在垄台以防涝，实现耨地连作，一年一熟，甚至复种两年三熟，在耨做制度上实现重大突破，还有宋、元、明、清时期的“地力常新”论、“一条鞭法”和“摊丁入亩”等。古代出现的农业技术和思想对调动农民积极性、推动农业生产的发展都产生了积极的影响（王宝卿，2004）。

表 5-5　我国铁农具主要发展特征

年代	铁农具主要发展特征
原始社会	石质工具为主，骨质、木质等多种材料配合使用
商代、西周初期	用陨铁锻打成铁片
春秋战国时期	战国铁制农具（包括铸造铁农具的模具），大致可分三种类型：耕垦农具（包括犁、镬、锸等）、中耕农具（包括锄、铲等）、收获农具（主要是镰）
秦汉时期	口铁、球墨铸铁、铸铁脱碳钢以及炒钢和“百炼钢”等生铁和钢出现，丰富了铁农具的材料来源，铁农具包括锄、斧、锛、镰、铲、铧、锸、锹等
唐代	出现江东犁（曲辕犁）
宋代	钢刃熟铁农具推广，除白口生铁铸造外，其他铸铁嵌刃式农具被锻造的钢刃熟铁农具所代替
明清时期	“生铁淋口”技术降低生产成本

资料来源：王宝卿，2004. 铁农具的产生、发展及其影响分析[J]. 南京农业大学学报（社会科学版），4（3）：83-86。

我国农业进入近现代发展新阶段，取得了一系列成就，尤其是改革开放 30 年间，农业技术和生产得到空前发展，先后培育了主要农作物新品种、新组合 1500 多个，杂交水稻、杂交玉米、矮败小麦、双低油菜等成功研发和推广应用，极大提高了农作物综合生产能力；创新建立了稻瘟病、棉铃虫等重大病虫害和禽流感、口蹄疫等烈性畜禽疫病的防控理论、方法与体系，显著降低了农作物病虫害损失率和畜禽死亡率；小麦、水稻机插、机收和玉米收获机械化等快速推进，耕种收综合机械化水平达到 45%。2003～2015 年，我国粮食产量实现粮食生产史上罕见的“十二连增”，从 2003 年的 43067 万 t 增长至 62144 万 t，增幅达到 44%，人均粮食也从 333.3kg 增长至 452.1kg，2016 年粮食产量仅出现 0.8%的小幅下降

（表 5-6）。粮食产量的增长，创造了要用占全世界 7%的耕地养活占全世界 20%人口的奇迹。

表 5-6　我国粮食产量变化情况

时间（年）	粮产量（万 t）	增率（%）	总人口（亿人）	人均粮（kg）
2003	43067	−6.14%	12.9227	333.3
2004	46947	8.26%	12.9988	361.2
2005	48401	3.00%	13.0756	370.2
2006	49746	2.70%	13.1448	378.4
2007	50150	0.81%	13.2129	379.6
2008	52850	5.11%	13.2802	398.0
2009	53082	0.44%	13.3474	397.7
2010	54641	2.85%	13.4100	407.5
2011	57121	4.34%	13.4735	424.0
2012	58957	3.11%	13.5404	435.4
2013	60194	2.10%	13.6072	442.4
2014	60703	0.85%	13.6782	443.8
2015	62144	2.37%	13.7462	452.1
2016	61624	−0.84%	/	/

注：数据来源于国家统计局。

随着我国社会经济快速发展，科学技术和生活水平明显提升，在传统农耕文化的局限性和小农意识的狭隘性制约下，全国人民对农业的地位，特别是中国农业在整个中国的基础和战略地位的重视及意识减弱。在以小农经济为特征的传统农耕文化环境铸造下，人们对于农业发展的思维方式固化，习惯于用稳定的、渐进的，以及功利的追求经济效益的眼光看待农业发展，农业的发展方向和轨迹出现偏差。同时，第二三产业的快速发展和巨大变化，在国民经济发展过程中扮演越来越重要的作用，甚至于颠覆了人们传统的生活方法和模式，更加弱化了对农业发展的重视程度。从近年农业生产投入来看，农业生产投入远低于其他产业，2014 年农、林、牧、渔业固定资产投资（不含农户）建设总规模为 24591 亿元，占固定资产投资（不含农户）建设总规模的 1.63%，在各行业固定资产投资建设规模中排名 14 位，远低于房地产、制造业、交通运输等行业（表 5-7）。长此以往，农业发展将受到极大限制和面临巨大挑战。

表 5-7　我国农业固定资产投资建设情况　　（单位：亿元）

指标	2014 年	2012 年	2011 年	2010 年	排序
固定资产投资（不含农户）建设总规模	1512186	1126073	935586	769427	/
房地产业固定资产投资（不含农户）建设总规模	566204	410765	323862	247008	1
制造业固定资产投资（不含农户）建设总规模	362123	281990	235631	175470	2
交通运输、仓储和邮政业固定资产投资（不含农户）建设总规模	166353	126351	113617	108012	3
水利、环境和公共设施管理业固定资产投资（不含农户）建设总规模	121509	83022	73346	67899	4
公共设施管理业固定资产投资（不含农户）建设总规模	98915	67234	57895	53909	5
农、林、牧、渔业固定资产投资（不含农户）建设总规模	24591	15116	11919	6979	14

注：数据来源于国家统计局。

过分追求土地产出率和经济效益的行为和做法，使得农药、化肥、塑料薄膜等化学手段和产品进入农业生产系统，2015 年，农用氮、磷、钾化肥生产量达到 7431.99 万 t，农用化肥施用量达到 6022.60 万 t，化学农药原药产量达到 374 万 t（表 5-8，表 5-9）。化学农业替代传统精细耕作农业的同时，重金属、农残等超标，土地肥力状况和结构破坏，生态系统失衡，产品道地性缺失等问题也层出不穷，严重影响了百姓的身体健康和生活水平。在先进的农业生产技术和土地处理手段无法解决相关问题的背景下，轮作休耕制度、减少化肥农药方案等传统的耕作方式和手段成为土地管理者和使用者，即政府和农民，提倡的手段和方式，通过土壤系统自身的恢复功能和途径来解决现存问题，试图还原土地原有的肥力状态和产出产品的道地性。

表 5-8　我国化肥产品使用情况　　（单位：万 t）

化肥产品	2015 年	2014 年	2013 年	2012 年	2011 年	2010 年
农用氮、磷、钾化肥产量	7431.99	6876.85	7026.18	6832.10	6419.39	6337.86
氮肥产量	4970.57	4564.24	4832.61	4865.58	4500.97	4458.67
磷肥产量	1857.20	1743.01	1673.08	1564.41	1561.22	1532.91
农用化肥施用折纯量	6022.60	5995.94	5911.86	5838.85	5704.24	5561.68
农用氮肥施用折纯量	2361.57	2392.86	2394.24	2399.89	2381.42	2353.68
农用磷肥施用折纯量	843.06	845.34	830.61	828.57	819.19	805.64
农用钾肥施用折纯量	642.28	641.94	627.42	617.71	605.13	586.44
农用复合肥施用折纯量	2175.69	2115.81	2057.48	1989.97	1895.09	1798.50

表 5-9　我国农药塑料薄膜等化学产品使用情况

化学产品	2015 年	2014 年	2013 年	2012 年	2011 年	2010 年
化学农药原药产量（万 t）	374	374.4	303.14	290.88	230	223.52
农药使用量（万 t）	/	180.69	180.19	180.61	178.7	175.82
农用塑料薄膜使用量（t）	/	2580211	2493183	2383002.3	2294535.9	2172991.4

专栏 5-2　探索实行耕地轮作休耕制度试点方案（佚名，2016）

耕地轮作休耕制度试点的区域和技术路径：

（一）轮作

试点区域：重点在东北冷凉区、北方农牧交错区等地。

技术路径：推广“一主四辅”种植模式。“一主”：实行玉米与大豆轮作，发挥大豆根瘤固氮养地作用，提高土壤肥力，增加优质食用大豆供给。“四辅”：实行玉米与马铃薯等薯类轮作，改变重迎茬，减轻土传病虫害，改善土壤物理和养分结构；实行籽粒玉米与青贮玉米、苜蓿、草木樨、黑麦草、饲用油菜等饲草作物轮作，以养带种、以种促养，满足草食畜牧业发展需要；实行玉米与谷子、高粱、燕麦、红小豆等耐旱耐瘠薄的杂粮杂豆轮作，减少灌溉用水，满足多元化消费需求；实行玉米与花生、向日葵、油用牡丹等油料作物轮作，增加食用植物油供给。

（二）休耕

重点在地下水漏斗区、重金属污染区和生态严重退化地区开展休耕试点。

1. 地下水漏斗区

试点区域：主要在严重干旱缺水的河北省黑龙港地下水漏斗区（沧州、衡水、邢台等地）。

技术路径：连续多年实施季节性休耕，实行“一季休耕、一季雨养”，将需抽水灌溉的冬小麦休耕，只种植雨热同季的春玉米、马铃薯和耐旱耐瘠薄的杂粮杂豆，减少地下水用量。

2. 重金属污染区

试点区域：主要在湖南省长株潭重金属超标的重度污染区。在调查评价的基础上，对可以确定污染责任主体的，由污染者履行修复治理义务，提供修复资金和休耕补助。对无法确定污染责任主体的，由地方政府组织开展污染治理修复，并纳入休耕试点范围。

技术路径：在建立防护隔离带、阻控污染源的同时，采取施用石灰、翻耕、种植绿肥等农艺措施，以及生物移除、土壤重金属钝化等措施，修复治理污染耕地。连续多年实施休耕，休耕期间，优先种植生物量高、吸收积累作用强的植物，不改变耕地性质。经检验达标前，严禁种植食用农产品。

3. 生态严重退化地区

试点区域：主要在西南石漠化区（贵州省、云南省）、西北生态严重退化地区（甘肃省）。

技术路径：调整种植结构，改种防风固沙、涵养水分、保护耕作层的植物，同时减少农事活动，促进生态环境改善。在西南石漠化区，选择 25° 以下坡耕地和瘠薄地的两季作物区，连续休耕 3 年。在西北生态严重退化地区，选择干旱缺水、土壤沙化、盐渍化严重的一季作物区，连续休耕 3 年。

土地制度是农业发展过程中的基本制度，是农业未来发展方向的保障和支撑，既涉及经营制度，又涉及农村的社会组织制度。在现有农村土地制度框架下，主要从两个方面对农业发展的未来产生影响：一是土地归农村集体所有的所有权归属表述清晰，但农民拥有的土地承包经营权的产权界定并不清晰，承包与经营两种权利缺乏有效实现形式，致使农民只能行使有限的占有、使用和收益权能，最重要的出租、入股、抵押等处分权利体现得并不充分，且土地经营缺乏有效的交易平台，流转不规范，资源配置效率不高，导致出现土地粗放经营甚至撂荒现象频发；二是缺乏适应现代农业发展、符合我国国情的农业生产组织制度。为了解决小生产与大市场之间的矛盾，广大农民和基层干部探索发展了农业产业化经营、农民专业合作组织、农产品行业协会、集体经济组织等多种形式的联合与合作，有力地推进了农业生产组织制度创新，提高了农民组织化程度。但是，我国农业生产组织制度还不适应现代农业发展的需要，还缺乏专门的扶持政策。一方面，参加各类生产服务组织并没有成为更广大农民群众必要的选择，在很大程度上，农民群众还没有体会到组织起来的好处；另一方面，有意愿参加各种不同生产服务组织的农民，试图解决生产技术指导、产品流通销售、规避市场和自然风险的意愿并不能及时得到有效的响应。

农业生产服务组织的缺位是制约未来农业快速发展的另一突出问题。一是农业生产组织发展还不规范。我国农业生产组织发展还处于初始阶段，专业化程度不高，经营理念落后，制度建设不规范，各类组织的规模经营、能力提升、资源共享的机制尚不完善，多元化农业生产组织尚未形成。二是农业社会化服务体系建设滞后。在农业服务业内部，科技研发、咨询服务、金融保险等新兴行业发展程度很低，所占比重极小；农资供应、农技推广、农机作业等常规性传统行业的比重虽然较高，但还不能有效覆盖农业产前、产中和产后全过程，不能满足农民对农业生产服务的需求。三是农户与市场的有效连接机制还没有充分建立起来。龙头企业和农民专业合作社带动农户的能力还比较弱，参加农业产业化经营和加入专业合作社的农户，农业的组织化程度和集约化水平低，不能满足未来农业快速发展的需求。

提升农业人力资本的制度不健全。不断提高农民素质，培养大批有文化、懂技术、会经营的新型农民，必须推进农业人力资本培养和提升的制度化、规范化。近年来，适应现代农业发展和农村劳动力转移就业的需要，农民教育培训工作不断加强，实施了农村劳动力转移就业“阳光工程”和“新型农民科技培训工程”。但是，农业人力资本培养制度还很不健全，适应于现代农业发展的各类具有专门技艺的职业化农民群体尚未出现。一是引导人力资本流向农业的制度没有形成。随着工业化、城镇化进程的不断加快，农业比较效益低的矛盾更加突出，大量高素质青壮年农村劳动力转移就业，在农村从事农业生产的劳动力整体素质呈现结构性下降趋势。老龄化、女性化、文化素质较低成为留乡务农劳动力的主要特征，如何引导高素质劳动力流向农业经营领域成为当前发展现代农业面临的突出问题。二是农民职业化制度没有建立。农民在相当程度上仍然是一种身份的象征，而不是职业概念。农业生产兼业化严重。由于具有优秀素质和专门技艺的职业化农民缺失，一些地方和领域农业生产经营管理粗放，大大降低了稀缺农业资源利用的程度。三是农民教育培训制度有待完善。农村劳动力转移使得农民培训的对象转变为以老年人和妇女为主的留乡务农劳动力。由于年龄结构上升和文化水平下降，他们接受新知识、新技术的能力较弱，加大了农民教育培训的难度，给农民教育培训工作带来了新的要求。目前的农民培训制度从目标、内容、渠道和方式等方面还不适应这种要求，需要进一步完善。

5.2　中国生物农业发展需求

5.2.1　农业供给侧结构性改革的需求

农业供给侧结构性改革是通过自身的努力调整，使农民生产出的产品，包括质量和数量，符合消费者的需求，实现产地与消费地的无缝对接。推进农业供给侧结构性改革，是提高供给体系质量和效率的迫切需要（许经勇，2016）。目前，农业供给侧结构性改革的矛盾主要集中在以下几个方面：一是总量和质量的矛盾。我国农业产量实现了“十二连增”，但农药、化肥等问题日益突出，严重威胁人类健康，农业生产有产量、没质量的矛盾愈加明显；二是随着社会经济发展，人们对农产品的消费水平和要求发生重大变化。农产品的类型和消费层次均发生了较大改变，但我国农业的生产方式和农产品结构却没有随之改变，导致农产品消费需求与农产品结构、农产品消费结构与生产模式存在巨大差距和矛盾（杨建利，2016）；三是随着农业快速发展，农产品出现过剩情况，但将农产品转化为高层次产品的技术尚处于较低水平，表现出急需转化的过剩农产品与转化技术脱节的矛盾（许经勇，2016）。

通过发展生物农业，推进农业供给侧结构性改革，使农业能够适应市场需求的变化，并与生物农业所要求的水土资源禀赋较好、生产设施较为完善、现代生产要素优势相匹配，是我国农业发展的高地。有条件、有责任地推动生物农业转型升级，将在农业供给侧结构性改革中发挥更大作用（杨星科等，2016）。

5.2.2　传统农业向现代农业跨越的需求

农业现代化是世界发展潮流，是农业生产方式的革命。传统农业是土地资源和劳动力等要素的结合，而现代农业要求把知识、技术、资本和管理等生产要素通过市场配置，实现农业优质、高产、高效（曾业松，2010）。本质上讲，农业是兼具自然属性和社会属性的产业体系，自实行家庭承包经营制度以来，分散的小规模的农户经营特征的传统农业如何实现向现代农业的跨越，一直是困扰农业发展的难题。

生物农业发展路径符合我国人多地少、农业文明历史悠久等国情，将农业发展新理念和生物新兴技术同中国的传统农业优势结合起来，能够极大促进传统农业向现代农业跨越（柴曼昕等，2013）。主要表现在以下几个方面。

一是新理念提升作物栽培管理水平。工业社会把工业生产方式引进农业，实现农业机械化、化学化和产业化、市场化，同时也导致作物栽培管理与绿色品质消费要求背道而驰，比如，播种之前用化学方法对播种材料进行处理、大量使用农药防治病虫害等化学农业手段，造成农产品农残高、污染大、质量低等问题，生物技术支撑发展的生物农药与生物绿色防控体系，在避免损害农产品质量的同时，实现病虫害防控，提高作物栽培管理水平，满足人们对农产品质量的要求。

二是促进生物技术在现代农业生产过程中的应用。生物技术是利用生物的特定功能，通过现代工程技术的设计方法和手段生产人类需要的各种物质，或直接应用于工业、农业、医药卫生等领域改造生物，赋予生物以新的功能和培育出生物新品种等的工艺性综合技术体系（曹军平，2007）。通过先进的生物育种技术，改良农作物品种抗病、抗虫和抗逆等特性，属于生物农业范畴，是生物技术在农业发展过程中的经典案例，能够起到引导示范作用。

三是推进农业循环经济发展。农业循环经济是以生态规律为基础，以资源的高效循环利用和生态环境保护为核心，以“减量化、再利用、资源化”为原则，以低消耗、低排放、高效率为基本特征，建设资源节约型、环境友好型农业，实现农业可持续发展的理念的农业发展模式（郑学敏等，2010）。生物农业发展是建立在改善生态环境、解决“三农问题”基础之上，通过废弃物的资源化利用和利用生物之间相生相克的原理，减少废弃物的排放和化学物质的输入，从而提高资源的利用率，降低生产成本，提高农业经济效益（崔欣，2008；李峰，2013；李培哲，2012），因此，生物农业发展极大地推动农业循环经济发展。

四是提升农业管理的智能化和精准化水平。信息社会把信息技术和理念引进农业，实现农业设施化、自动化、精准化（曹军平，2007），而以农业物联网为核心的生物农业信息管理能够结合我国农业资源和特性，推进农业管理的智能化和精准化水平。

5.2.3　传统农民向职业化农民转型的需求

中国的农业现代化始终绕不开两个问题：一是农民权利的提高，二是农业人口的减少（邓聿文，2003）。农民权利和比例的变化需要从本质上进行转变，即从传统农民向职业化农民转型。从美国人类学家沃尔夫经典的传统农民定义来看，传统农民主要追求维持生计，他们是身份有别于市民的群体，是社会学意义上的农民，该定义强调的是一种等级秩序；而职业农民则是把务农作为一种职业的农民，像老师以“传道授业解惑”为业一样，充分地进入市场，将农业作为产业，并利用一切可能的选择使报酬极大化，其更类似于经济学意义上的理性人，是农业产业化乃至现代化过程中出现的一种新的职业类型（丁伟，2011）。

中国农业现代化的发展随着农业规模化、职业化程度逐渐加深，农民转型成为现代农业发展的必经之路。主要有以下几个必要性。

（1）资源效益最大化，农业生产实现规模化。农业资源的聚集才能使得农业效益最大化，比如农村土地、资金、技术、人才、信息等各种要素。一方面，资源聚集能够凸现集群优势，可实行“统一配送农资、统一生产规程、统一技术指导、统一果品收购加工、统一品牌和包装、统一组织销售”方案，促使小生产和大市场对接；另一方面，农民在转型之后，其职业特性促使其向市场方向靠拢，在农资购买、产品销售方面寻求话语权，努力突破市场议价权瓶颈（姜长云，2016）。

（2）提升服务，促使农业产业竞争力突破。我国农业已经从维持温饱生计水平转型为选择性消费型农业产品需求。在传统农业生计技术和模式方法背景下，传统农民的做法已经不适应当下老百姓的餐桌需求，提升农业生产服务质量，加快传统农业模式改变成为重中之重。发展生物农业正是通过改变传统化学农业的生产方式，提升农业服务质量，满足用户特定需求。

（3）保障农特产品品牌化趋势。从国内外农特产品发展趋势来看，品牌化运行已经成为农特产品市场化发展的大势所趋。品牌包装可以迅速提升农特产品的附加值，同时要求农特产品有质量保证，因此摒弃化学农业生产方式，推行绿色生产的生物农业，在恢复农特产品传统道地性的同时，能够给予产品质量保障。

（4）农民利益最大化的需求。当前农业生产过程中出现了撂荒弃荒现象，浪费土地资源，甚至于造成土地资源破坏，难以快速恢复。究其原因主要是农业产出低下和青壮年劳工外出打工等因素造成。因此，在发展生物农业的背景下，促进农民转型，既能够保护土地资源，也可以提升农业产出和附加值，实现农民利益最大化（李劲峰等，2000）。

5.2.4 提升农村城镇化水平的需求

城镇化是人类社会发展的高级阶段和必然过程，是一个国家现代化的重要标志，也是人口、资本、土地、科技、信息等生产要素向综合条件较好地域的集聚过程。经过长期不懈的努力，特别是党的十八大以来，我国城镇化率提速达 3.1%以上，至 2015 年年底，我国城镇化率已达 56%，超过了 54%的世界平均水平。但东部地区呈现的几近饱和的人口和匮乏的资源，以及大城市和环境污染等问题严重影响人们生产、生活和生态的可持续发展；而西部广袤地区，不但滑坡、泥石流等地质灾害分布集中，而且在中段叠加黄土高原干旱半干旱区、重点产沙区等集中连片的特贫困地区，呈现为扶贫开发式的农业农村发展态势（郑伟，2014）。

西部地区处于最难突破的“三农”发展的新历史阶段。面对西部地区呈现的提高城镇化发展水平、完成精准扶贫攻坚任务、深入推进农业供给侧结构性改革、加快培育农村发展新动能的复杂任务和局面，探索实践新型城镇化如何助推扶贫开发的路径，研究提出新型城镇化背景下发展现代农业的、科技创新驱动发展的思维和路径，以县域示范作为贯彻落实 2017 年中央一号文件精神先导性载体，以补齐县域农业农村发展短板问题，就是一个极为重要和迫切的现实问题（刘晓静等，2011）。

生物农业是现代农业发展的基础，是现代生物学理论技术应用于农业生产形成的新概念。其利用系统生物学原理和方法管理农作物；利用生物技术手段改造和提升农业品种和农产品性能，促进自然过程和生物循环保持土地生产力；利用生物学方法防治有害生物，保障绿色或有机农产品；利用传感器等现代技术手段，改进农业生产方式，降低农业生产成本；利用生态学理论和方法，调节水肥与土壤间关系，在满足农作物生长的基础上，实现环境友好；利用生物学基本原理及发酵技术提升农产品的有效价值，服务于畜牧业及工业化发展。因此，生物农业具有产业经济特征。

以发展生物农业为突破口或抓手，引领现代农业的发展，补齐“四化同步”中农业现代化这个短板，才能真正实现以人为核心的新型城镇化，实现精准扶贫任务，达到全面实现小康社会的目标。

5.3　生物农业发展的挑战与不足

1）生物农业发展理念认识不足

党的十八届五中全会通过的《中共中央关于制定国民经济和社会发展第十三个五年规划的建议》提出，实现“十三五”时期发展目标，破解发展难题，厚植发展优势，必须牢固树立“创新、协调、绿色、开放、共享”的发展理念。从农业发展视角来看，“十三五”时期，农业现代化的根本是依靠改革创新，推进农业供给侧结构性改革，加快转变农业发展方式，提高农业发展的质量效益和竞争力。

从农民层面来看，农民对自上而下的结构性改革意图理解不够深入，农业创新发展能力较差，尤其是针对要求高、标准严格的生物农业，表现得更为突出。究其原因主要有：一是农业科技人员匮乏、年龄大、文化水平低的问题日趋严重，已不能适应生物农业发展的需要。二是生物农业理念传播渠道建设不足。三是信息交流方式落后，信息时效性不强，以及农业信息网络建设滞后于农业信息传播需求。生物农业是农业发展的新模式，具有超前的发展理念和意识，其主要观点和理论需要信息快速交流，但目前传播速度明显不足以支撑生物农业信息传播需求。

从政府层面来看，政府对生物农业发展理念的认识程度和扶持力度也有待提高。地方政府追求经济快速发展和经济总量贡献的效益最大化，现行的政府绩效考核体系无法激发地方政府对生物农业发展理念进行大力宣传、推广，使得发展生物农业较难获得足够的重视。此外，我国大部分区域工业化和城市化发展较快，但仍存在诸多问题。地方各级财政实力相对薄弱，农业投入不足，发展生物农业，落实国家支农惠农政策时面临的财政压力较大，“城市支持农村、工业反哺农业”的底气不足。

2）生物农业发展战略定位不够明确

目前，我国农业发展面临构建三大体系：一是构建现代农业产业体系。在稳定粮食生产、确保国家粮食安全的基础上，不断优化农业区域布局，调整产业结构，促进粮经饲统筹、农牧渔结合、种养加一体、一二三产业融合发展，走产出高效、产品安全、资源节约、环境友好的农业现代化道路。二是构建现代农业生产体系。加快农业科技创新，健全现代农业科技创新推广体系，推进农业信息化，做大做强民族种业，提高主要农作物全程机械化水平，深入实施新型职业农民培育工程，推动农业发展转向主要依靠科技进步和提高劳动者素质的轨道。三是构建现代农业经营体系。稳定农村土地承包关系并保持长久不变，大力培育新型农业经营主体，积极发展土地流转、土地入股、土地托管等多种形式的适度规模经营，发挥其在现代农业建设中的引领作用，构建以家庭经营为基础、联合与合作为纽带、社会化服务为支撑的现代农业经营体系（王方，2014）。

从我国生物农业发展现状来看，其发展战略定位不明确。我国生物农业发展需要紧扣农业发展的战略定位，在产业体系、生产体系和经营体系三个方面形成长效有力的制度、资金、科技、宣传等方面的保障。首先，在产业体系中，生物农业应接轨《全国种植业结构调整规划（2016—2020 年）》，调整任务主要体现在构建粮经饲协调发展的作物结构、构建适应市场需求的品种结构方面，从工业用粮的视角进行我国农业发展思考；其次，在生产体系中，以发展优质农产品生产基地为方向，基于当地气候、土壤等相对优越的自然条件以及长期生产习惯形成的具有比较优势的生产地区，在部分农户对某些传统产品或优势产品的商品化经营获利形成示范效应下，带动整个地区相关农产品的商品化生产，或者在农民合作组织、经济较为发达的地区，依托农户组织和龙头企业，按照科学合理的生产标准进行农产品的生产，建立优质农产品生产基地；最后，在经营体系中，应用工业的生产经营理念或组织形式来指导生物农业生产经营，将规范化、科学化、系统化的农业生产和经营管理作为生物农业发展的新路子，以规避当前农业生产中存在的不确定性或风险性。

3）农业生产组织模式落后

我国农业组织模式是随着农业生产力及农业经济水平调整而不断变革与完善的。目前，在农村家庭承包制的推行与普及，以及劳多地少的基本国情背景下，“小农”的微观经济组织形式成为现代化农业的基本组织形式，同时，存在农村各类专业合作经济组织、社区合作经济组织、农民专业协会、农业企业（尤其是农业产业化龙头企业和农业股份公司）等交织发展的多元化势态。

但从制度层面上看，农村土地制度框架下农民拥有的土地承包经营权的产权界定并不清晰。“承包与经营其内涵有无区别，承包与经营权是同一概念，抑或是可以区分的两种权利，理论上并无清晰的表达”（张红宇，2008），导致实践中承包与经营两种权利都缺乏有效的实现形式。一方面农民的承包权不充分，农民的经营权行使受到限制。只能行使有限的占有、使用和收益权能，最重要的出租、入股、抵押等处分权利体现并不充分。另一方面，由于经营权的不充分导致土地经营缺乏有效的交易平台，流转不规范，资源配置效率不高。一些地方频频出现有地无人种、有人无地种、土地粗放经营甚至撂荒现象。

因此，发展生物农业存在农业生产组织模式和制度方面的制约，其发展道路总体上有两条：一是建立在专业化、商品化、市场化、机械化基础上的规模型的大农（场）经济；二是建立在生物化、技术化、保护型、劳动密集型基础上的家庭制小农经济。目前，家庭承包基础上的双层经营的发展趋势将适度扩大规模：一是逐步走向联合与市场，发展专业户甚至家庭农场，通过产业化和专业合作组织来实现外在的扩大农业经营规模，以“组织规模”替代“要素规模”，推动“小农聚合”，改变单个农户的弱势地位；二是从组织和产业两个方面重新定位集体经营，发展集体经济，发挥“统”的功能。

4）职业化农业劳动力缺乏

劳动力是农业发展的最基本保障，劳动力的素质是决定农业发展优劣的基本条件。在农村教育水平低下、城乡教育差距、职业教育缺失、农村收入过低等因素制约下，我国农民从两个方面出现偏差：一是农民素质低下、先进农业生产方式和思想不能得到及时实施。当前，我国农业劳动力主体的文化教育程度普遍较低，由于缺乏文化知识，阻碍了接受新事物、学习新技术的能力；二是大量农村青壮劳动力涌入城市，农村出现“空心化”，年富力强的农村“精英”大多流出就业，留下从事农业生产的多为素质较为低下的妇女和老人，从事农业的劳动力数量大幅减少。农民素质低下和数量减少造成职业化农业劳动力缺乏，进而导致生物农业发展受阻。

在这种背景下，国家适当创造环境，引导传统身份农民向新型职业农民转变，将成为解决中国农村劳动力短缺问题的重要手段。关键在于为其创造优惠的发展环境，通过增加种粮补贴、提供技术支持和专业培训，完善社会管理和农村金融体系，确保他们的收入要高于外出打工，这样才能确保生物农业发展。

5）农业产业化水平较低

目前，我国生物农业发展的产业化水平层面，主要表现在以下几个方面：

首先，农业产业化水平欠佳，难以强化生物农业发展的基础。我国总体处于传统农业向生物农业过渡阶段，产业化进程缓慢，仍然没有跳出小规模、低水平、传统粗放生产方式，整体呈现农业机械化作业水平低，生产效率低下的态势。而这种细碎化的土地小规模经营和兼业化的种养殖方式，专业化和标准化程度低，农产品产量低、质量次，无法满足规模化农产品加工业对成片规范化种植和养殖基地的需求。

其次，农产品质量不高，难以保障生物农业发展。我国正处于工业化和城镇化加速阶段，该阶段正是能源资源消耗、污染排放强度较大的时期，扭曲的市场机制拉动工业畸形增长。工业、城市用水急剧增加，与农业用水的矛盾越来越难以调和，由于缺乏严格的保护和治理措施，水质污染导致水资源质量进一步下降。在这些因素共同影响下，我国可用水资源的供给更加匮乏。工业污染导致不少农产品原料质量偏低，达不到加工业对农产品质量要求，还有一些农业生产者受利益驱使，滥用化肥农药，导致农产品安全问题，从而使加工品出口和国内市场销售遭受影响，进而影响生物农业发展进程。

最后，农业产业链各环节缺乏联动，农业附加值不高。生物农业的发展，是立足构建现代产业体系，运用现代科技和管理手段对传统农业产前、产中和产后各环节进行链式改造的结果。传统农业产前、产中、产后各相关产业的链式改造，分为重点突破、全面推进、链式联动三大阶段。以产前环节的链式改造为突破重点，大力改善农业生产基础设施和科研服务水平，对传统农业的链式改造正处于由重点突破阶段向全面推进和链式联动阶段转变。但是农业产业链缺乏联动，贸工农分离；农产品加工、流通等环节相对薄弱，农业附加值不高；农业资源权属规范还面临较大挑战，“代耕农”问题存在巨大的社会政治隐患；粮食保产与结构优化存在一定矛盾，农业产业组织发育相对滞后；循环生态农业面临从示范到普及的转变；农产品流通体系的重视程度和扶持力度不高，标准化和品牌化建设定位的层次偏低。这些问题严重制约着农业产业链的链式联动和农业附加值的提升。

6）综合服务体系不够健全

农业社会服务体系是为农业生产提供的产前、产中、产后全程综合配套服务的专业组织，服务内容涉及销售、信息、科技、物资、加工、劳务、金融、经营决策、政策和法律服务等诸多方面。我国很多地区各类行业协会与专业合作组织发展不平衡，整体规模小、服务形式单一，如何推进生物农业发展的布局规划、项目可研、决策咨询及相关的农业担保、保险等系列服务还较欠缺。

参 考 文 献

曹军平，2007．现代生物技术在农业中的应用及前景[J]．安徽农业科学，35(3)：671-674．

柴曼昕，许林，2013．传统农业转型升级之路：创新发展都市型农业——基于广州市发展实践的探讨[J]．广东农业科学，40(8)：198-202．

崔欣，2008．我国发展农业循环经济的必然选择与对策思考[D]．成都：成都理工大学．

邓金锋，2008．农业发展的生态环境问题及其防治对策[J]．海峡科学，7：35-38．

邓聿文，2003．从传统农民到职业农民[J]．科技信息，37：39-40．

丁伟，2011．新形势下我国农业农村经济社会发展面临的问题及对策[J]．武汉金融，7：4-10．

姜长云，2016．推进农村一二三产业融合发展的路径和着力点[J]．中州学刊，5：43-49．

李峰，2013．我国中部农业循环经济发展战略研究[D]．武汉：武汉大学．

李海凤，周秉荣，2013．我国农业气候资源区划研究综述[J]．青海气象，3：45-50．

李劲峰，李蓉蓉，2000．湖北省农田承灾力综合评价[J]．长江流域资源与环境，1：119-124．

李培哲，2012．县域农业循环经济发展模式与对策的研究[J]．中国农学通报，28(8)：132-137．

刘复刚，贾秀峰，张立人，1995．我国土地资源的基本特征及其评价[J]．齐齐哈尔师范学院学报(哲学社会科学版)，6：34-36．

刘晓静，马娜，郑建峰，2011．加强农产品质量安全监管体系研究[J]．新西部，11：69．

农业资源与可持续发展关系研究课题组，2003．实现农业资源合理利用的战略措施和制度创新建议[J]．中国农业资源与区划，3：58-62．

王宝卿，2004．铁农具的产生、发展及其影响分析[J]．南京农业大学学报(社会科学版)，4(3)：83-86．

王方，2014．新型城镇化背景下美丽乡村的规划与建设模式研究[D]．天津：天津大学．

许经勇，2016．农业供给侧结构性改革的深层思考[J]．学习论坛，32(6)：32-35．

杨建利，邢娇阳，2016．我国农业供给侧结构性改革研究[J]．农业现代化研究，37(4)：613-620．

杨星科，张行勇，2013．以生物农业引领陕西现代农业发展[J]．资源环境与发展，2：20-22．

佚名，2016．探索实行耕地轮作休耕制度试点方案[N]．人民日报，2016-6-30．

曾业松，2010．加快转变农业发展方式，促进传统农业向现代农业跨越[J]．中国石家庄市委党校学报，12(8)：4-7．

张红宇，2008．中国现代农业的制度创新[J]．唯实，11：47-51．

郑伟，2014．生态农业发展模式及其对策研究[D]．泰安：山东农业大学．

郑学敏，付立新，2010．农业循环经济发展研究[J]．经济问题，3：681-685．

周赫男，2013．农业生态环境与可持续发展研究[D]．锦州：渤海大学．

第6章　中国生物农业发展的战略思考

2016 年 2 月 15 日，联合国粮食及农业组织召开主题为“农业生物技术在可持续粮食系统和营养上的作用”国际学术研讨会，与会代表就新的生物技术，包括“低技术和高技术”，在为发展中国家的家庭农民服务方面的潜力开展了讨论。粮农组织总干事达席尔瓦在开幕式上表示，必须加倍努力确保特别是发展中国家的家庭农民获得农业生物技术的机会，帮助他们在面对气候变化和人口增长等重大挑战的情况下，提高其生产活动的有效性和可持续性（FAO，2016）。《中华人民共和国国民经济和社会发展第十三个五年规划纲要》明确提出，从增强农产品安全保障能力、构建现代农业经营体系、提高农业技术装备和信息化水平、完善农业支持保护制度四个方面全面推进农业现代化。生物农业作为现代农业的重要体现，融合了上述四个方面的内容，代表了未来农业的发展方向，必将在我国现代农业发展中发挥主导作用，成为引领现代农业发展的大旗（杨星科，2016）。

本章在前面生物农业理论和知识体系阐述、国际生物农业发展启示和中国生物农业发展现状分析和需求分析的基础上，针对我国生物农业发展的总体要求、发展方向、亟待解决的科学问题以及实施的重大战略进行分析，以期对我国生物农业发展提供建议。

6.1　中国生物农业发展的总体思路与总体要求

6.1.1　总体思路

以习近平新时代中国特色社会主义理论思想和党的十九大报告精神为指引，围绕“五位一体”和“四个全面”的战略布局，贯彻“创新、协调、绿色、开放、共享”五大发展理念，满足发展现代农业和建设社会主义新农村的重大战略需求，全面实施科教兴农战略和人才强农战略，落实“自主创新、加速转化、提升产业、率先跨越”的农业科技工作指导方针，以生物农业推进传统农业向现代农业的转变，推进农业供给侧结构性改革，推进乡村振兴战略实施，推进食品安全保障体系建设。以“理念引领、改革推动、技术跨越、示范带动、人才保障、品牌创建”的生物农业发展战略，推动农业实现高端化、品质化、国际化发展，为国民经济和社会可持续发展做出积极贡献。

理念引领：以创新、协调、绿色、开放、共享五大发展理念引领我国生物农业的发展，通过树立大农业、质量效益型农业、多功能农业等全新的农业发展理念，以理念创新推动生物农业的创新发展，进而推进农业的绿色发展和现代化发展。

改革推动：以农业、农村、农民三农问题改革为驱动，以农业供给侧结构性改革为核心推动生物农业跨越发展，实现农业发展、农村美丽和农民增收致富的目标。

技术跨越：生物农业的发展离不开农业科技的支撑，特别是农业生物技术的创新发展。只有实现生物技术的跨越发展，才能降低生物农业的发展成本，使生物农业普及化、大众化。

示范带动：发展生物农业，必须进行示范带动，在生物农业发展条件比较好的地区进行先行先试，通过一些生物农业发展新模式带动生物农业发展，最终实现大范围推广。

人才保障：发展生物农业必须有专业的人才队伍，培养大批会生产、懂经营的农业人才参与到生物农业等现代农业的发展中，吸引外出打工成功人士回乡创业，吸引有知识有抱负的大学生到农村就业创业，形成以人才推动生物农业发展的良好局面。

品牌创建：生物农业是推进“安全、美味、健康”食品的重要基础，创建生物农业产品品牌是生物农业持续发展的关键。

6.1.2　总体要求

1）构建全新的农业生产发展理念

发展现代农业，就要从理念上改变传统农业的思维，即农业绝不仅仅是为了产粮，为了果腹；农业生产是为了人类的健康，为了生命的质量，为了社会的发展，为了环境的友好。现代农业发展的基础是生物农业。生物农业是利用系统生物学的原理、方法来管理农作物的生产、加工等过程；利用生物技术手段改造和提升农业品种和农产品性能，通过促进自然过程和生物循环保持土地生产力，利用生物学方法防治有害生物，以保障绿色或有机农产品（杨秋意，2011；洪绂曾 2011）；在认识农作物生长规律基础上，利用传感器等现代技术手段，改进农业生产方式，降低农业生产成本；利用生态学理论和方法，调节水肥与土壤之间的关系，在满足农作物生长的基础上，实现环境友好；利用生物学基本原理及发酵技术，提升农产品及农业物质的有效价值，服务于畜牧业及工业化发展。生物农业是现代生物学理论技术与农业生产相结合而形成的新概念，它既是一个学科理论概念，也是一个产业经济概念。基因农业、有机农业、生态农业，是主要利用农业生物技术而形成的现代农业生产形态，可视为生物农业的下位概念。化学农业是与生物农业区别最大的一个概念，现代生物农业的发展要求尽量少用、不用人工合成的化学制品如化肥、农药、动植物生长调节剂和饲料添加剂等，以避免化学品对农产品安全和人体健康的危害。因此，要实现单位生产总值能耗和主要污染物排放明显降低、环境质量明显好转的经济社会发展主要目标，发展生物农业显得尤为迫切和重要。我国现代农业的发展，受到主客观诸多因素的制约。而传统农业发展理念则是束缚我国生物农业发展的首要因素。因此，促进生物农业的发展，必须突破传统农业发展理念，树立农业的现代发展理念。

（1）树立“大农业”发展理念。

从传统意义上的农业来看，农业作为第一产业，只包括植物栽培和动物饲养等农产品生产部门。而产前的提供农业生产资料等部门以及产后的农产品加工、储藏、运输、销售等部门，则不包括在农业之中，而是属于第二产业和第三产业。随着时代的发展，这种狭隘的传统农业产业观日益显示出其局限性和弊端。比如，我国许多地区存在的“农家乐”的经营形式，原料是土特产，经营的是餐饮、住宿和旅游等，管理者和工人是农民，收入归农民，很显然，说农业只是第一产业，已不符合实际。特别是随着经济发展和科技进步，农业的传统功能不断强化，新的功能日益彰显，农业生产、经营已突破原有的第一产业的领域，而向第二产业和第三产业延伸，形成现代“大农业”（魏人民，2009）。因此，发展生物农业，必须确立科学的“大农业”产业观，包含从生产到加工以至流通各个环节，是三次产业的聚合。

（2）确立质量效益型农业发展理念。

新中国成立之后，我国人口多、吃饭压力大，农业生产又较为落后，因此，提高农产品产量、满足人们温饱的生活需要便成为农业生产的首要任务，所以，相当长时期内我国农业生产“以产量论英雄”，片面追求农产品数量的快速增长，而忽视农产品品质的改善和农业生产效益的提高。随着温饱问题的逐步解决以及人民生活水平的逐步提高，人们对农产品的质量、卫生、安全方面的需求日渐上升，人们更加追求生活品质的提高（中发〔2007〕1 号）。因此，我国农业的发展，必须突破数量型的传统理念，确立质量、效益型理念，实现单纯追求数量的传统农业向数量、质量并重的生物农业转变。依靠科技进步，积极推进农业标准化建设，大力发展绿色农业，努力扩大优势农产品的出口，增加农民收入，从而实现农业经济效益、生态效益、社会效益的统一。

（3）确立多功能农业发展的理念。

从农业的功能定位看，对农业的认识还停留在强调农业就是保障供给的单一农业功能观，农业产业发展被限定在一个狭小的范畴内，导致了农业产业体系的形成步履维艰。随着经济社会的快速发展、科学技术的日新月异，农业的功能不断拓展、效用不断延伸、内涵不断丰富，显示出崭新的面貌、巨大的潜力、广阔的前景（徐剑萍，2017）。因此，我们必须重新审视农业，充分认识到发展好农业不仅能够保障粮食供给、提供多种农副产品、促进农民就业增收，而且还能在推进工业化进程、缓解能源危机、推动以生物质产业为主导的产业革命、保护生态环境、传承历史文化等方面发挥重要功能。通过开发农业的多种功能，向农业的广度和深度进军。促进农业结构不断优化升级，从而全面提高农业的经济效益、社会效益和生态效益（袁春兰，2010；洪绂曾，2011）。

2）重构中国农业生产的组织模式

我国农业组织模式是随着农业生产力及农业经济水平调整而不断变革与完善的（曾福生，2011）。改革开放之前，主要是农业合作社和人民公社农业经营形式。改革开放后实行双层经营形式，即农户经营和集体经营共存，农业经营形式呈现多样化趋势，但整体来看家庭承包经营以其较高的灵活性和适应性，在一定时期内仍是我国农业经营的基本形式（曾福生，2011）。我国当下，伴随农村家庭承包制的推行与普及，农户无疑已成为最基本的农业微观经济组织形式。由于劳多地少的基本国情，就土地经营规模而言，我国的农户普遍是“小农”。这种“小农”的微观经济组织形式成为现代化农业的基本组织形式。与此同时，伴随农村市场化的改革与发展进程，农村各类专业合作经济组织、社区合作经济组织、农民专业协会、农业企业（尤其是农业产业化龙头企业和农业股份公司），也“百花齐放”，呈现出与农户经济交织在一起的多元化组织发展势态（曹阳，2010）。

从各种组织模式实行效果来看，家庭经营是主要依靠家庭自有劳动力、自主经营、自负盈亏的农业经营形式（曾福生，2011）。集体经营形式是生产项目和经济活动由集体统一经营和统一管理，核心特征是坚持农业生产资料公有。合作经营形式是个体农户按照自愿互利原则参与合作组织。各种农业经营形式不是截然分开的，是可以相互结合和兼容的，从实践来看，家庭经营可以与不同的所有制、经营规模、技术条件和生产力水平相适应（中办发〔2013〕1号）。

3）进一步提升农业生物产业化的水平

（1）确立组织化、产业化经营理念。

在现行的土地分户经营制度下，我国农业还是一家一户小片土地生产、分散经营、设施较差、信息不灵，不了解市场供求及其变化，难以做到农产品的规范化生产、标准化监控和品牌化销售。这种分散的家庭小生产与日益统一的大市场的矛盾越来越突出。近几年，我国农业产业化的组织形式和经营类型有所发展，但由于受资金、技术和人才等多种因素的制约，农业产业化的起点低，发展慢，真正能在农业产业化经营中担当“龙头”角色的企业不多，产业化程度不高。因此，要建立各种合作经济组织或农业协会，改变千家万户高度分散、力量弱小的现状，着力扶持一批市场竞争力强、产业关联度大、辐射带动面广的产业化龙头企业，建立与农民的利益联结机制。同时推进龙头企业、合作组织与农户有机结合，通过促进农业的产业化、组织化来推动生物农业的发展。

（2）培育壮大龙头企业。

支持龙头企业通过兼并、重组、收购、控股等方式组建大型企业集团。创建农业产业化示范基地，促进龙头企业集群发展。推动龙头企业与农户建立紧密型利益联结机制，采取保底收购、股份分红、利润返还等方式，让农户更多分享加工销售收益。鼓励和引导城市工商资本到农村发展适合企业化经营的种养业。增加扶持农业产业化资金，支持龙头企业建设原料基地、节能减排、培育品牌。逐步扩大农产品加工增值税进项税额核定扣除试点行业范围。适当扩大农产品产地初加工补助项目试点范围（中办发〔2013〕1号）。

6.2　中国生物农业的发展方向与亟待解决的重大关键问题

6.2.1　发展方向

生物农业是我国农业现代化发展的必然选择，是保障我国经济社会持续健康发展的战略性基础性产业（洪绂曾，2011）。加速生物农业发展，对于促进我国生物经济、循环经济、知识经济发展，对于修复和保护生态环境、保障广大人民的食品安全和生命健康，具有重要的战略意义（潘月红，2011）。

基于当前我国农业现代化发展程度不高、生物农业发展仍处于初级阶段的现状，我国要通过发展生物农业推进农业供给侧结构性改革和农业现代化，促进农业绿色化、科学化、健康高效可持续发展。未来生物农业发展的方向包括：优化农业产业结构，保障农业生态安全与生产可持续发展；综合运用现代农业生物技术、信息技术等推动农业向精准农业、高效农业、智慧农业转型升级；生物农业与现代先进制造业、先进服务业进一步融合，不断提高农业全产业链协同发展能力；生物农业生产经营模式不断健全和优化；生物农业产业政策和政府管理逐渐健全等。

1）优化农业产业布局与结构，保障农业生态安全与生产可持续发展

随着工业化的推进和城镇化的深入发展，我国农业生产正面临严峻的资源短缺和生态环境破坏所带来的挑战，迫切需要加快发展资源节约型、环境友好型和生态保育型农业。要通过生态农业发展，达到保护耕地资源、治理环境污染、修复农业生态、提升农业产能、促进农业可持续发展的目标。

必须根据我国人口基数、水土资源分布格局、食品消费升级需要等具体国情，合理确定种植、畜牧养殖、林业等基础农业发展比例。大力发展生物型农业生产资料，促进绿色农资产业、绿色种养殖产业发展，提高生态环保型现代农业、绿色安全食品发展水平（徐剑萍，2017）。

生物种业、农业生产资料等重要支柱产业，向高技术、高投入、集约化趋势发展。农作物良种、畜禽水产良种等领域要培育发展具有更高国际竞争力的龙头企业，推进高产、优质、多抗、高效、专用农作物新品种，优质畜禽水产良种的培育与产业化，形成显著特色的良种繁育与产业化示范基地。绿色农业生产资料领域要推动农资企业向集约化、复合型发展，提高绿色农用生物产品及其在生态

农业、绿色农业、有机农业中应用的整体水平，使我国生物农资产业、绿色农业、有机农业整体接近国际先进水平。

2）综合运用现代科学技术，推动传统农业向生物农业转型升级

生物技术逐步改写了人类数世纪以来的物种进化史，现正以蓬勃发展之势在解决人类面临的粮食、资源、环境、能源及效率等可持续发展瓶颈问题的过程中扮演着重要角色，发挥着巨大的作用（潘月红，2011）。发达国家纷纷把发展转基因生物技术作为抢占未来科技制高点、增强农业国际竞争力的战略重点，发展中国家也在积极跟进。未来我国农业生物技术产业的宏观发展环境将日趋良好，农业生物技术及其产业化将成为我国现代农业发展的技术制高点与经济增长点（潘月红，2011）。

农业现代化的发展永无止境。我国生物农业的现代化发展要综合运用农业生物技术、信息技术、农机技术等现代化先进技术，推动生物农业向精准农业、高效农业、智慧农业转型升级。

专栏 6-1　我国种植业生产区域化格局基本形成

粮食主产区基本形成：粮食生产中水稻主要集中在长江中游、西南和东南地区，北方粳稻则主要集中于东北地区，小麦主要集中于黄淮海的冀鲁豫三省和西北地区，玉米主要集中于东北地区和冀鲁豫三省。

棉花形成三大产区：新疆棉花主产区、冀鲁豫棉花主产区和长江中下游棉花主产区。

花生、油菜和大豆为主的三大植物油料生产带已经形成并基本稳定：冀鲁豫三省花生区域生产格局基本稳定，长江中下游油菜籽生产稳步上升，内蒙古和东北大豆生产基本稳定。

北方甜菜产区和南方甘蔗生产区的格局基本形成。

蔬菜产区基本稳定，南方产区地位提高。

苹果形成西北、黄淮海鲜食与加工兼用和东北加工专用型两大苹果生产带。

3）推进农业一二三产业融合发展

目前，我国农业与工业、服务业协同发展的程度还非常有限，工业、服务业发展对农业的支撑力度并不显著。未来，我国将大力推进工业化、城镇化、信息化与农业现代化的协同发展，生物制造、生物服务、农业金融、互联网+等现代先

进制造业、先进服务业发展将更多地与生物农业发展相融合，不断提高农业全产业链协同发展能力。

未来我国农业生产资料、种养殖、农产品加工、科研、销售、物流等众多领域，将进一步体现产业链协同、产业集群融合发展的趋势，并推动农业实现跨产业、跨区域的国际化合作、交流与互动，推动一二三产业的融合发展。

4）生物农业生产经营模式不断创新和优化

生物农业生产经营可能采用家庭农场、农业合作社、个体农户、企业+农户等多种模式。企业和生产者还将根据产业领域特征，建立新型的生产经营组织，提高市场竞争力。比如，我国农业结构传统上是个体农户小规模经营、劳动密集型和可持续性耕作，非常适合发展劳动密集型作物，如茶叶及蔬菜等。有机农业标准化、规范化、产业化及其高科技含量的特点，决定了生物农业产业的发展必须由龙头企业、专业合作社或技术研发机构牵头带动，因此应按照“公司+农户”“公司+基地+农户”“公司+农民专业合作组织（协会）+农户”等经营模式发展有机农业。通过这些新型的合作组织，将松散的生产者和销售者联合起来；通过农超对接或者自建销售渠道的方式，将生产者和消费者直接连接起来。一方面，减少产品中间的流通环节，降低产品生产、加工、销售链条中的质量风险控制难度。另一方面，提高农户和企业组织的市场竞争能力，减少中间交易成本，降低有机产品的销售价格，从而达到农民增收、消费者受益的效果（郭红东，2011）。

生产经营模式不断创新需要推进农民土地流转，同时要做好保护农民权益的工作，防止土地为工商企业非法占有和滥用。同时，要避免掠夺式生产与发展，促使农村生产方式由量向质的转变，改变单一追求粮食高产的思想，以发展符合科学规律、适合土壤生产力的生物农业发展模式。

5）生物农业产业政策和管理体系逐步健全

生物农业发展涉及农业生态环境保护、绿色农用生产资料产业以及生物技术产业等高新技术产业扶持、生物种业发展、绿色农业与有机农业管理规范化管理等众多政策法规与管理问题。当前我国相关的政策法规体系、产业组织体系、行业管理与服务体系、技术创新体系、技术标准体系、生物安全保障体系等并不完善，未来将逐步建立健全。

建立健全农业生态环境保护的法律法规、标准等制度体系。针对全国水土流失、环境污染、耕地质量下降、农田生态系统退化等问题，制定发布土壤污染防治法以及农业环境监测、农药管理、肥料管理、农产品产地安全管理、农业野生植物保护等法规规章，强化法制保障。严格执行国家关于耕地质量、土壤环境质量、农用地膜、饲料添加剂、重金属含量、农业节能规范、节能减排等方面标准。健全执法队伍，整合执法力量，改善执法条件，加强资源环境合作执法和部门联动执法，依法严惩农业资源环境违法行为。开展相关法律法规执行效果的监测与督察，健全重大环境事件和污染事故责任追究制度及损害赔偿制度。

建立健全农业资源生态修复保护政策，完善森林、湿地、水土保持等生态补偿制度。完善优质安全农产品认证和农产品质量安全检验制度，推进农产品质量安全信息追溯平台建设。积极稳妥地推进农村土地制度改革，允许农民以土地经营权入股发展农业产业化经营。完善政府绩效考核评价体系，将耕地红线、资源利用与节约、环境治理、生态保护纳入地方各级政府绩效考核范围。对领导干部实行自然资源资产离任审计，建立生态破坏和环境污染责任终身追究制度和目标责任制，为农业可持续发展提供保障。

建立完善绿色农用生产资料的相关政策法规、质量标准和监管体系，加大对有机农业的政策支持和财政力度，创造绿色农业、有机农业发展的有利环境，推进绿色、健康农产品供给基地的建设。政府加强对农业科研、教育和推广机构的统筹管理和协调，通过政策、资金、管理等的融合创新，集成产学研各方力量联合推进行业发展。

6.2.2　中国生物农业发展亟待解决的若干重大关键问题

1）释放土地问题

土地是传统农业生产的平台和基础，在城乡统筹发展和一体化进程不断加快、土地资源严重制约农业发展的新形势新背景下，转变依靠土地发展农业的思维，创新农业新兴发展模式成为必然。我国取得利用不足全球 10%的耕地生产全球 1/4 粮食，养活 14 亿人口的巨大成就的同时，耕地资源也承载着巨大的环境压力。目前，我国人均耕地仅有 1.5 亩，远低于世界平均水平，处于世界中下水平，呈现极为强烈的资源约束特性。同时，为了缓解土地与粮食需求的矛盾，人们拼命向生态系统索取，毁林开荒、围湖造田，导致自然环境恶化。有数据表明，我国每年水土流失 50 亿 t，约占世界水土流失量的 1/12；我国 1/2 的土地处于干旱地带，常年少雨水，沙漠化现象严重，平均每年增加 3000km^2（刘森森，2017）。面对如此状况，要想在现有投入水平下保持较高产量和质量的农产品供给，就必须借助高速发展的生物技术，转变农业生产模式，进而释放土地压力，但无论从先进生产技术，还是应用途径上来看，我国生物农业发展都还面临很多矛盾和问题。

首先，成熟农业生产技术难以在全国推广，造成释放土地资源压力无方。以无土栽培技术为例，目前，国外无土栽培技术经历实验研究阶段、生产起步阶段、迅速发展阶段，技术日趋成熟，应用范围和栽培面积不断扩大。欧盟规定，21 世纪所有欧盟国家园艺作物要全部实现无土栽培。荷兰已经成为无土栽培面积最大的国家，无土栽培面积占温室面积的比例超过 70%，其次是加拿大、比利时和新西兰，比例达到或超过 50%。与之相对应，我国无土栽培技术则处于边研究、边应用、边发展阶段，推广较少，应用面积不及总栽培面积的 1%（陈雪花，2015），传统土壤栽培仍在栽培方式中占据重要地位，这在一定程度上限制了我国相关农业产业的快速发展。借助无土栽培释放土地资源的途径和技术迫在眉睫。

其次，过度土地开发，造就土壤结构破坏和“人-土”矛盾突出。追求产量的传统农业生产模式，过度开发挖掘土地生产潜力，其土壤肥力结构由“利用-恢复-利用”的自然模式，转变为“利用-施肥-利用”的人为模式，违背了作物生长发育的生物学规律，所生产的农产品缺乏传统道地特性，这也促使目前人们追求高质量农特产品的需求与土地过度利用开发的矛盾突出。

2）规范化标准化管理问题

随着经济全球化进程的加快，农业生产标准化规范化管理问题越发突出，土地污染、水污染、重金属残留等问题已经成为与民众息息相关的食品安全问题，也成为经济问题和社会问题。据报道，喷洒农药后，只有 10%～20%的农药残留在植物表面，有 40%～60%的农药流失到环境，其中内吸性的农药易被植物吸收，残留在植物体内，会通过食物链对生物造成毒害，对人畜产生不良影响（吕思宇，2016），严重影响民众的身心健康，甚至于引发社会不安。目前，我国生物农业发展过程中规范化和标准化管理问题，主要表现在以下几个方面。

（1）环境污染造成生态恶化，使农产品的质量安全丧失了可靠保障（吕思宇，2016）。

农业生产中，存在明显的农药化肥使用方法和使用量不当、使用种类不当、施药时间不当，缺乏相关专业培训等问题，造成环境污染，进而造就我国农产品安全问题突出。相关报告表明，我国土地污染日趋严重，2010 年我国工业“三废”的排放量远远高于 10 年前，严重污染了地下水和土壤，受到镉、砷、铬、铅等重金属污染的土地面积近 2000 万 hm^2，估算全国中度、重度污染土地约 333.3 万 hm^2，土壤及地下水的污染使其生产的农产品安全受到严重威胁（吕思宇，2016；陶泽良，2015）。

（2）我国农产品生产标准化程度低。

我国农业标准化体系还不够完善，农村人口众多，农户近 2.5 亿，每户平均耕地面积 0.49 hm^2（吕思宇，2016；陶泽良，2015），难以实现农药使用情况及生产过程的监控，农产品农药残留超标的风险加大。另外，部分地区的地方保护主义也对农产品的质量安全带来危害。

（3）缺乏完善的管理体制。

目前我国农产品质量安全监管体系还不够健全，2006 年 11 月 1 日施行《中华人民共和国农产品质量安全法》，2009 年 6 月 1 日施行《中华人民共和国食品安全法》（谢虎军，2014）。我国的相关法律只是为农产品监管指明了大概的方向，不能完全覆盖所有环节，与日本、美国、加拿大等国相比还不够完善。有些地区虽然建立了农产品质量检测站，但是检测仪器不够齐全，检测项目较少，监测手段落后；有些地方检测设备先进，但检测人员业务水平受限，未能充分发挥设备的价值。农产品质量安全监管体系在农产品安全中起着至关重要的作用，因此，我国在农产品农药残留量监管方面有待进一步加强（吕思宇，2016；陶泽良，2015）。

3）生物农业产业壮大问题

生物农业产业作为现代农业的重要形式，其发展水平直接反映现代农业的水平和成效。我国生物农业产业发展滞后，已成为农业产业化进一步推进的瓶颈和主要障碍（温春生，2012）。从破解产业化发展困境的角度出发，我国生物农业产业在“产品-市场-产业”等一系列方向面临困境，但重点应关注以下几个关键问题。

第一，需要对农业产业化的载体——生物农业产品进行分析。从现实情况来看，受多年传统化学农业影响，过多的农药、化肥等化学农业产品使用，导致土壤、水资源、环境等均不符合生物农业生产要求，生物农业产品往往存在严重品质问题。因此，需要形成生物农业产品在产业化过程中的战略认知：一是要把握生物农业产品品质的重要性，构建集水、土、肥、管理等为一体，涵盖各个环节的提升生物农业产品品质的认知，思考依靠生物肥料、生物农药等现代生物技术产品，生产高品质农产品（张世如，2012）；二是对不同地区生物农业产业现行结构形成的资源禀赋和比较优势形成判断，依据规范化种植技术和区域特征建立覆盖各优势区的生物农业产品体系。

第二，认知市场是制约产业发展的关键路径。与传统农业相比较，我国生物农业规模较小，甚至于没有统一的统计数据口径。因此，以生物农业市场化发展为节点，构建集高效、产业化、科技、生态为一体，充分利用和依托中心城市，寻求农业化架构中一二三产业融合的市场平台，是生物农业产业化发展的关键所在（张世如，2012）。

第三，探索新的生物农业产业及企业组织形式和治理结构，积极应对受技术跃进引发的环保化、生态化趋势对生物农业产业化发展的要求。通过环保生产到消费的需求驱动，改变由传统工业发展的生产要素渗透到农业、带动农业发展的传统路径，代之以新型的生物农业生产、组织、销售高度整合的集约型生物农业产业链组织，相关环节从分散的农户市场到集约的公司市场，以便于过程监控和保障（张世如，2012）。

4）转基因问题

转基因生物技术是以分子生物学为代表的现代农业科学技术。通过转基因生物技术研发出来的转基因植物、转基因动物、转基因微生物及其他转基因生物产品得到越来越广泛的应用。目前，全世界范围内有大豆、玉米、棉花等 27 种转基因作物被批准投入商业化生产。我国已经批准水稻、棉花、玉米和番木瓜等 7 种转基因作物安全证书（沈大力，2015）。

转基因技术和转基因食品，引起了社会各界广泛的辩论和关注。有些人认为转基因技术是一种潜力巨大的技术，能够解决粮食安全相关的种种问题，包括可以防治植物疾病和害虫，还可能进一步减少肥料使用、提高生产力、带来有益的环境影响，此外，通过增加免耕土地面积、减少杀虫剂使用等方式，已显现出转基因技术对环境的直接益处；而另一些人则关心食品安全，认为转基因技术缺乏长时间的考证，种植和食用转基因产品不利于人类自身的健康。

从我国实际情况来看，农业生产与资源环境的矛盾日益严峻，严重制约了农作物产量和质量的提高，而继续依靠农药、化肥等投入的方式来增加作物产量和质量，潜力有限，因而必须通过遗传改良，培育出一批同时集高产、优质、抗病、抗旱、养分高效利用等诸多优良性状于一体的优良品种，这样才能使农业生产在提高产量、改良品质的同时，降低投入、节约资源、减少环境污染，保障农业的可持续发展（肖景华，2011）。

因此，生物农业发展过程中，应该辩证理解转基因技术和转基因食品的争议，一方面，要清晰把握以基因组研究和生物技术发展为基础的转基因技术，包括开发出的具有抗虫、抗草、抗病、抗逆、耐旱等性状的多种转基因作物，在缓解我国粮食和农产品的增产与资源环境之间矛盾，保障我国农业的持续发展方面所做出的贡献，从各个层面推进相关产业的发展。另一方面，也应该注意到我国公众对转基因技术和转基因食品的反对情绪，从加强科普宣传、普及正面知识、消除公众对转基因技术的偏见和疑虑等方面进行积极引导（肖景华，2011）。

5）提高光能利用和光合作用效率的问题

提高光能利用率就是通过植物光合作用将照射到单位土地面积上的太阳能尽可能多地用于把环境中的无机物同化成植物体中的有机物（沈允钢等，2010；赵育民，2007）。对农业生产来说，提高光能利用率有助于人们更加注意通过各种作物的合理搭配来充分吸收利用照射到单位土地面积上的太阳能，减少太阳能直接照射到土地上或散射掉的损失。我国传统农业非常重视一年种植多茬和间作套种，这种种植模式有利于提高单位土地面积的光能利用率，但从将农业扩展为绿色植物产业的生物农业角度来看，还应结合作物光合特性来进一步改善光能利用率。

首先，随着物质文明的扩展与延伸，化石能源消耗越来越严重，人们逐渐考虑开发利用可再生能源。其中依靠光合作用形成的生物质能规模巨大、价格低廉，受到高度重视。美国已经大量利用玉米等粮食发酵成乙醇等作为燃料（沈允钢等，2010；倪维斗，2007；刘瑾等，2008）。我国需要努力提高单位耕地面积上作物的光能利用率和光合作用效率，通过能源作物的栽培和种植，充分利用可开垦荒地，来应对未来可能出现的能源短缺。

其次，开发生物燃料，除了种植能源作物，还可利用农副产品利用后所形成的“生物垃圾”。其中，稻、麦、玉米等收获后剩下的秸秆等数量巨大，可作为喂养牲口的饲料，牲口产生的粪便可用于发酵，发酵得到的沼气可作为燃料，沼液、沼渣可施入田中作肥料，这种高效生态利用模式，既能充分利用光合作用合成的大量有机物，又能改善土壤的物理化学特性（沈允钢等，2010；倪维斗，2007；刘瑾等，2008）。

6.3　采取六大发展举措，实施六大发展战略

6.3.1　深化农业管理体制改革，实施政策环境营造战略

坚持科技与经济紧密结合，提出适合我国生态资源和经济社会发展水平的生物农业发展战略和政策体系，促进生物农业全产业链现代化持续发展。要将生物农业作为现代农业的主要发展形态和模式，在各项农业发展规划中重点扶持。根据区域生态环境差异，恰当布局有机农业、绿色农业和现代农业生物技术产业的合理发展空间。针对农业生物技术、生物型农业生产资料、种养殖产业的不同环节，研究设计差异化的产业促进策略和政策激励措施。

研究完善引导生物农业企业加大长期研发投入的财税激励机制。通过国家生物农业创业投资引导资金，推动设立一批从事不同阶段投资的专业型生物农业创业投资机构，鼓励金融机构对生物农业发展提供融资支持，引导担保机构积极提供融资增信服务。完善生物农业技术知识产权保护机制，依法保障知识产权所有者的权益，研究建立生物农业产业领域重大经济科技活动知识产权评估制度，提高创新效率和质量。

建立健全推动生物农业发展的协调机制，加强宣传工作，统一各方思想，形成广泛共识，打造生物农业的良好发展氛围和环境。积极调动社会和企业资源，形成促进生物农业产业快速健康发展的合力。农业部要与发展改革委、科技部、环保部、国土资源部、财政部等部门加强统筹协调，会同相关部门制定生物农业发展规划和重大行动计划等工作方案，加强生物农业与国家相关科技、产业专项等的衔接，强化对年度计划执行和重大项目安排的统筹指导。加快研究出台有关政策措施，确保国家生物农业相关规划任务落到实处。建立中央与地方信息沟通平台，形成高效协同机制。各地区要根据当地比较优势和产业发展现状，科学确

定生物农业发展定位，出台政策措施，调整优化产业布局，强化产业链分工和区域协作配套。

6.3.2 加强理论技术体系建设，实施技术创新跨越战略

从促进现代农业持续发展的战略高度，构建我国生物农业学科理论和技术体系。基于系统生物学、整合生物学等生物学最新理论的学科交叉融合思想，综合应用生物学领域的有益理论，并吸收信息科学、计算科学等现代科技手段，建立系统化、跨学科的生物农业学科理论体系和针对我国农业生物资源特点的现代化生物技术体系。如面对人口增加、粮食单产徘徊以及集约化农业环境代价日益加剧的严峻局面，可采取充分利用区域光温条件的作物代谢研究成果指导培育新品种，将各个区域作物高产水平和高效目标要求与水肥供应阈值耦合成果、光能转变为生物能的最新成果，运用到植物光合作用中，降低对土壤、水分的过度利用水平。利用现代信息和计算机技术，通过大数据挖掘和应用，对追肥、施药和灌水等苗情分类管理技术进行技术集成与创新，在将高产和高效结合的同时，合理利用有限的资源，实现大面积高产高效。

充分发挥农业科研机构和农林类高校的技术优势，不断强化其公益性地位，同时加快成果转化步伐，使其在现代农业的建设过程中发挥强大的推动和支撑作用（吕春波，2013）。根据经济发展的需要，调整学科与专业的设置，优化科技资源配置，针对制约农业产业发展的重大关键技术问题，建立和完善农业科技联合攻关制度，促进跨学科、跨行业、跨部门、跨区域的联合协作（蒋和平，2012）。

对科技管理制度进行改革。必须彻底改革农业科技立项、科研选题、课题组织、成果评审及职称评定等一系列管理制度；建立有效的激励机制，激活机构的活力和创新人员的积极性；完善科技成果评审制度。

完善技术创新的动力机制。有效利用市场需求技术创新模式、技术供给创新模式、技术创新诱导模式和政府政策推动模式等多种创新动力模式，为生物农业发展提供新动能。

构建有效的协调机制。包括科研、教育、推广三部门的协调和推广服务主体之间的协调。建设符合国际惯例和自身发展规律的国家新型农业科技创新体系。逐步在全国形成一个布局合理、分工明确、高效运作、联动一体的农业科技创新协作网络。

进一步完善农业知识产权法律及其配套规范，从政策导向上激励全社会重视农业知识产权，重视围绕关键农业技术领域构筑农业知识产权防御体系。通过制定政策，建立科学、合理的农业科技机构评价（评估）技术体系，组建农业知识产权保护互助组织，促进农业知识产权保护工作的开展。

6.3.3 重视新型农民培养，实施人才培育战略

习近平总书记在参加 2017 年“两会”四川代表团审议时指出，就地培养更多爱农业、懂技术、善经营的新型职业农民。这是习近平总书记“农民观”的新表述。

实施生物农业人才培育工程，着力加大生物农业科技人才、经营人才和现代新型农民三支队伍的培养建设力度（杨星科等，2016）。2016 年 12 月，《国务院办公厅关于支持返乡下乡人员创业创新促进农村一二三产业融合发展的意见》指出，农村已经成为创业创新的热土。据统计，近年来，过去从农村流向城镇的农民工、中高等院校毕业生、退役士兵等人员返乡创业创新人数累计达到 570 多万人，其中农民工返乡创业累计 450 万人（秦志伟，2017）。

面向生物农业学科和技术发展需要，充分发挥高等院校的作用，培养生物学、农学高层次复合型研究人才。同时，立足产业发展需求，着力培养生物农业创新创业人才，特别是针对返乡创业农民工开展培训，使之迅速成为生物农业发展的生力军。加强面向生物农业从业人员的职业教育和继续教育，通过各种渠道和途径培养造就有文化、懂技术、会经营的新型职业农民和农业企业家，推进生物农业技术转化、企业发展和经济繁荣。

鼓励企业与科研机构、高校联合建立生物农业技术人才培养基地。建立人才及人才团队在企业与科研院所之间流动的畅通渠道。完善人才评价指标体系，引导人才在生物农业产业链不同环节合理分布。加大对生物农业技术高端人才及创新团队的引进力度，吸引海外高层次人才回国（来华）创新创业，促进生物农业产业的国际化发展（连维良，2012）。

6.3.4 加大资金投入，实施示范带动战略

切实解决生物农业融资渠道不畅、资金短缺问题。首先要整合政府资金，加大财政科技投入对生物农业的支持力度；其次支持生物农业企业通过资本市场融

资，鼓励有关部门和地方政府设立创业投资引导基金，引导社会资本增加对生物农业企业的投资；最后加大政策性金融对生物农业的资金支持力度，根据现代生物产业高投入、高风险、高收益、长周期等特点，结合国家税收改革方向，研究制定税收优惠政策，支持现代生物农业发展。随着科技金融的创新发展，推进生物农业科技基金的形成和发展。

发展生物农业，必须示范基地建设先行，强力推进生物农业示范带动战略的深入实施。当前在各地已经形成众多有机绿色示范基地，形成一大批特色品牌，为生物农业发展带来积极效果。进一步激励农民、合作社、企业向生物农业的方向发展，形成各种各样的特色生物农业示范基地，打造绿色品牌产品，推进农业的一二三产业融合发展，形成大力发展生物农业的良好局面。

专栏 6-2　陕西省大荔县生物农业规划概要

陕西省大荔县地处关中平原东部最开阔地带，东滨黄河、南眺华山、西接晧壤、北靠镰山，素有“三秦通衢、三辅重镇”之称，处在关中天水经济区，县域面积 1800km^2，是陕西渭南第一面积大县，具有发展生物农业的天然条件。

“十二五”期间，中国科学院西北生物农业中心、陕西省科学院在大荔县冯村镇的现代农业园区内，与大荔县合作新建 2000m^2 的综合科研培训大楼，搭建起设施农业工程技术中心及植物有害线虫研究平台，数个智能化日光温室、大跨度塑料大棚及 30 亩可变化种植试验场，在推进生物农业发展上起到了示范作用。

为此，应大荔县政府请求，依据陕西省大荔县的自然条件和打造西安市后花园的发展设想，根据大荔县“十三五”期间社会经济的总体发展思路，陕西省科学院、中科院西北生物农业中心联合西北农林科技大学制定《大荔“十三五”县域生物农业发展规划》，期冀依靠生物农业创新引领着力打造全环节升级、全链条升值、全主体共享的大荔农业发展 4.0 版。

规划依据龙花楼等的研究成果“优化城-镇-村空间布局”新型城镇化发展的空间布局原则，按照生物农业发展的趋势，在大荔县“十二五”发展成就的基础上，摒弃传统产业结构中基础薄弱、农业产业链条短、发展前景不占优势的产业，确定以冬枣、奶畜、鲜果、蔬菜、水产、旅游休闲、餐饮七大产业为生物农业主导产业，通过建设大荔生物农业科技产业示范园，搭建示范、推广平台，创新并推广农田生态系统修复技术集成体系以及现代农业“双减一增”栽培技术，实现特色农作物的高产优质育种与产业化，以提高农业产业化程度和规模化经营，最终使各乡镇形成集产业、旅游、颐养“三位一体”的特色小镇，以生态、生产、生活“三生融合”为目标，助推农村一二三产业融合发展，达到农民增收、农业增效的目的。

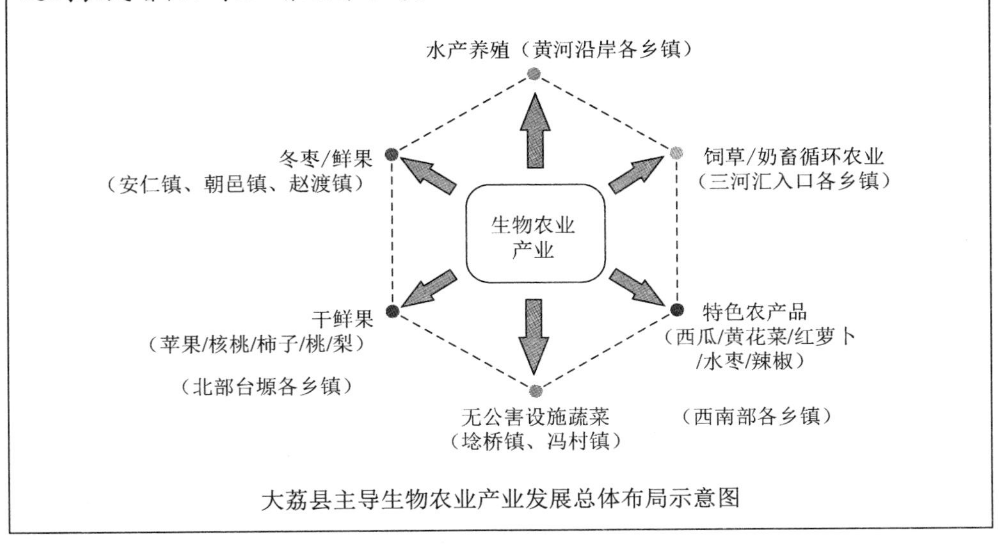

大荔县主导生物农业产业发展总体布局示意图

6.3.5　加强市场开拓，实施绿色健康产品推进战略

如前所述，土地污染、水污染、重金属残留等带来的农产品安全问题已经成为与民众息息相关的食品安全问题，供给绿色安全健康的农产品已经成为关系民生的国家重大需求，必须从农作物种植、生产、加工、流通等各个环节加以控制，才能形成全链条的安全通道。

建立生物农业技术新产品需求激励机制。打破区域垄断，扶持生物农业创新企业开拓国内外市场。完善生物良种、绿色农业生物制品补贴政策，推进基因农业、绿色生态农业生产不断扩展。稳步推进非粮种植产业化示范。加大力度推进资源税费改革，加快淘汰落后产品、技术和工艺，促进新兴绿色技术、产品的推广应用（连维良，2012）。

加强农业供给侧结构性改革，提供绿色健康农产品是“健康中国”战略的重要内容之一，以生物农业发展推进绿色食品安全优质精品品牌建设，坚持政府引导与市场主导并行，以满足高层次消费需求为目标，带动农产品市场竞争力全面提升。

6.3.6 融入“一带一路”倡议，实施国际化发展战略

1）引进以色列、丹麦、欧美等国家的先进技术与理念，推进我国生物农业升级发展

“一带一路”倡议为中国生物农业发展提供重大机遇。“一带一路”涉及 65 个国家、44 亿人口，时空域上具有范围广、周期长、领域宽等特点，是一项长期、复杂而艰巨的系统工程（郭华东，2016）。把握“一带一路”倡议下的农业发展机遇，重点是充分利用好国内外两种资源、两个市场，促进农业“走出去”和“引进来”，大力推进具备竞争优势的农业资本和技术走出去，引导农业技术企业输出先进农业技术，特别是加强农机及农产品生产加工等领域的深度合作。

2）充分利用“一带一路”倡议发展机遇，输出我国剩余农业劳动力、富余资金、成熟技术，扩展农业发展空间

2012 年 12 月，国务院印发《生物产业发展规划》，提出加速科技成果转化推广，增强生物农业竞争力。围绕粮食安全、生态改善、农民增收和现代农业发展等重大需求，充分发挥我国丰富的农业生物资源优势，加强生物育种和农用生物制品技术研发能力建设，促进创新资源向企业集聚，加快开展新品种研发、产业化和推广应用，完善质量和安全管理制度，推动生物育种产业加快发展，促进农用生物制品标准化高品质发展（李慎宁，2013；刘学智，2013；孟弼胜，2013）。

“一带一路”沿线国家大多属于发展中国家，除了公路、铁路、港口以及农田水利基础设施薄弱外，也缺乏较为先进的农业技术。大力发展生物农业产业，全面提升农业发展水平，是实现我国农业技术向“一带一路”沿线国家输送的重要路径。

3）充分利用“一带一路”的政策和资金保障

政策环境和融资机制是一切产业发展的保障，“一带一路”倡议提出以来，国家领导人多次出访“一带一路”国家，与有关国家元首进行会晤，深入阐释“一带一路”倡议的深刻内涵和积极意义，得到了沿线绝大多数国家的积极响应。“一带一路”沿线大多是新兴经济体和发展中国家，其中不乏农业国家及农业在国民

经济中占重要地位的国家。农业项目一般启动较快、易得民心，“一带一路”沿线国家间的农业领域合作往往容易率先实施，这就为农业“走出去”提供了政策和资金配套支持空间。目前方兴未艾的绿色金融机制，倡议更多的资金投向绿色生态产业，这些资金对于我国特色农业“走出去”来说更是可谓“久旱逢甘霖”（陈寒凝，2015）。借助“一带一路”的利好政策，我国生物农业发展大有可为。

参考文献

曹阳，胡继亮，2010．中国土地家庭承包制度下的农业机械化——基于中国 17 省(区、市)的调查数据[J]．中国农村经济，10：57-65+76．

陈寒凝，2015．“一带一路”视域下陕西特色农业“走出去”战略[J]．新西部，36：23-24．

陈雪花，王珂，2015．无土栽培存在的问题及应用前景[J]．商丘职业技术学院学报，14(2)：90-92．

郭红东，郑伟强，2011．我国有机农业发展的现状、问题及对策[J]．农村经济，11：34-37．

郭华东，2016．“一带一路”的空间观测与“数字丝路”构建[J]．中国科学院院刊，31(5)：535-541．

洪绂曾，等，2011．生物农业引领绿色发展[J]．农学学报，1(10)：1-4．

蒋和平，2012．推动我国农业科技发展的十项建议[J]．中国发展观察，2：15-17．

李慎宁，2013．生物产业激活“生物经济”[J]．中国农村科技，213：48-49．

连维良，2012．大力推动生物产业高品质发展[J]．中国产业，7：49-50．

刘瑾，邬建国，2008．生物燃料的发展现状与前景[J]．生态学报，28(4)：1339-1353．

刘森森，2017．简析农业生态环境保护与农业可持续发展[J]．农业与技术，37(6)：12．

刘学智，2013．生物产业锁定七大产业集群目标[N]．企业家日报，2013-1-21．

吕春波，景希强，刘永涛，等，2013．丹东农科院科技创新对我国农业做出的贡献及发展建议[J]．农业开发与装备，6：26-28．

吕思宇，王丽娟，吴鹏飞，等，2016．我国农产品安全问题浅析[J]．保鲜与加工，16(4)：128-131．

孟弼胜，李茜，2013．山西现代生物农业发展面临的困境与解决途径[J]．中国农业信息，105：227-228．

倪维斗，2008．从生物质能的利用谈起[J]．中国能源，30(7)：8-12，23．

秦志伟，2017．供给侧改革让农业活起来[N]．中国科学报，2017-2-14．

沈允钢，程建峰，2010．光合作用与农业生产[J]．植物生理学通讯，46(6)：513-516．

陶泽良，陈卫洪，2015．粮食生产安全视域下的耕地资源保护与利用发展对策[J]．世界农业，1：119-122．

魏人民，2009．发展现代农业必须突破六大传统理念[J]．现代经济探讨，5：78-80．

温春生，王富有，2012．国家热带农业科技创新体系建设研究[J]．贵州农业科学，40(9)：232-235．

肖景华，陈浩，张启发，2011．转基因作物将为我国农业发展注入新动力[J]．生命科学，23(2)：151-156．

谢虎军，2014．湖南省农产品质量安全监管体系现状与对策[J]．现代农业科技，5：301-302．

徐剑萍，2017．发展观光休闲农业对农村经济发展的影响和举措[J]．黑龙江科技信息，10：280．

杨秋意，刘林，卞瑞鹤，2011．生物农业，中国农业发展新希望[J]．农村．农业．农民(A 版)，6：34-36．

杨星科，马齐，2016．对发展生物农业的一些思考[N]．中国科学报，2016-6-26．

袁春兰，2010．基于 SWOT 分析我国农村小额保险发展路径[J]．农业经济，12：82-84．

曾福生，2011．中国现代农业经营模式及其创新的探讨[J]．农业经济问题，10：4-10．

张世如，2012．战略性新兴产业发展与农业产业化问题研究——以武汉都市农业发展实践为例[J]．农业经济问题，33(2)：79-84．

赵育民，牛树奎，王军邦，等，2007．植被光能利用率研究进展[J]．生态学杂志，9：1471-1477．

FAO, 2016. Agriculturalbiotechnologies: Successstories[EB/OL]. http://www.fao.org/news/story/en/item/383643/icode/[2016-02-26].